蔬果盘饰与切雕技法

（超值版）

周振文 编著

海峡出版发行集团 | 福建科学技术出版社
THE STRAITS PUBLISHING & DISTRIBUTING GROUP | FUJIAN SCIENCE & TECHNOLOGY PUBLISHING HOUSE

著作权合同登记号：图字13-2010-003

本书由台湾新文京开发出版股份公司独家授权福建科学技术出版社出版。未经书面授权，本书图文不得以任何形式复制、转载。本书限在中华人民共和国境内销售

图书在版编目（CIP）数据

蔬果盘饰与切雕技法：超值版 / 周振文编著. —福州：福建科学技术出版社，2016.11（2020.1重印）
ISBN 978-7-5335-5152-0

Ⅰ.①蔬… Ⅱ.①周… Ⅲ.①蔬菜 – 装饰雕塑②水果 – 装饰雕塑 Ⅳ.①TS972.114

中国版本图书馆CIP数据核字（2016）第236242号

书　　名	蔬果盘饰与切雕技法（超值版）
编　　著	周振文
出版发行	海峡出版发行集团
	福建科学技术出版社
社　　址	福州市东水路76号（邮编350001）
网　　址	www.fjstp.com
经　　销	福建新华发行（集团）有限责任公司
排　　版	福建科学技术出版社排版室
印　　刷	福建彩色印刷有限公司
开　　本	787毫米×1092毫米　1/16
印　　张	13
图　　文	208码
版　　次	2016年11月第1版
印　　次	2020年1月第4次印刷
书　　号	ISBN 978-7-5335-5152-0
定　　价	58.00元

书中如有印装质量问题，可直接向本社调换

推荐序

学习蔬果切雕的另类"偷呷步"

喜好蔬果切雕的前辈、同业、读者好！今日有幸，我的好友振文兄又有一本蔬果切雕书籍出版，而且内容富有创意，本人除了感动还有佩服。目前市集坊间此类型的书籍还真是有如过江之鲫，可是如此书中针对基础、技法、训练等，进行系统介绍的却是鲜见。从日常食材选购，到切雕工具的运用技巧，以及衍生出的相关的精致刀工专业常识，书中都介绍得淋漓尽致。

餐饮专业职场要求从业者技能、手艺不断提升，除了有赖信息与科技的搭配互补外，还得有务实的刀工基础训练，后者如没有合适书籍的参照，还真是有一点难。

传统的"土法炼钢"学习模式已赶不上时代潮流。本人确信，此书势必会给学习者带来相当程度的启示。它是正面的、不藏私的、有诀窍的，尤其是数十款的连载图片，将切雕技巧每一步骤具体呈现，这还真是学习蔬果切雕的另类"偷呷步"（闽南语，意"窍门"——编者注）！

一路走来，不断扶持衍基学习、成长的前辈、好友们，希望能通过小弟的推荐，一起和振文切磋、学习，秉持着餐饮行业的务实精神，一同向提升餐饮业水平的道路迈进。在这漫长的学习过程中，此书绝对是最可信赖的选择。

台湾维多丽亚酒店　行政总主厨　郑衍基

推荐序

蔬果雕刻艺术的永续价值

饮食文化是人类社会最早发展的文化。随着时代的变迁，人们对饮食的要求由量的提升进展到对品质的追求，而烹调也随着生活品质的提升，达到了讲究艺术和气氛的境界。

蔬果雕刻在现今的餐饮业界可以说是一项独门的艺术，在台湾，这项艺术的传承者并不多见，周师傅便是少数坚持者之一。随着经济快速发展，在人力成本高涨的情形下，许多餐饮业者为了节省成本，纷纷将蔬果切雕盘饰改以鲜花或塑料花代替。但是任何行业想要永续发展，都必须跟得上时代的脚步。个人认为蔬果切雕艺术传承的法则是：适度的商业包装及生活化，将传统与生活融会贯通。蔬果切雕和食材关系密切，作为盘饰更能突显菜肴的价值，并增进用餐气氛与乐趣，且蔬果切雕题材运用多元，可以说是强化餐饮包装的利器。

蔬果切雕作品给人的印象往往是人工成本高，或是学习者需要有美术天分，其实不然。万般事物都在于得不得法，不得法者蹉跎时日，最后往往半途而废；掌握诀窍者事半功倍，一步步实现理想。

欣喜本书出版，很荣幸再次为周师傅题序。本书内容完整，理论与实务并重，同时也打破菜系的隔阂，是学习蔬果雕刻的最佳宝典。周师傅经历丰富，博学谦卑，更毫不吝啬地将其丰富的经验跟大家分享。此外，周师傅的学习态度和成长过程，也值得年轻一辈的餐饮业者学习。

台北喜来登大饭店
食材造型艺术中心主厨

黄德波

自 序

　　当一道菜肴被端上餐桌，用餐者先看到的是餐盘内菜肴的颜色和形状，在还没尝到味道之前，就已经先产生了视觉印象，这也正是盘饰艺术的价值所在。蔬果切雕是一种非常亮眼、非常美丽的艺术，它用最自然的色彩、形态来表现生动、活泼、有趣的蔬果雕刻艺术，让每一道菜肴多了生命力，增添了用餐者的食趣和食欲。

　　我从事餐饮教学多年，教学中坚持与学生良性互动，亦师、亦友，互相尊重，以快乐学习的方式进行教学，但要求学生一定要学到东西。

　　时间飞快，从我第一本书《创意蔬果切雕盘饰》出版，到此书的付梓，已隔多年了，这期间陆续出版了五本有关蔬果切雕的教学用书，有初级、中级、高级，以期能符合各阶段学习者的需要，而每本书都有详尽的切雕操作图解与文字说明，有助于读者尽快掌握蔬果切雕的技巧。

　　回顾过去，每一本书的写作过程都是辛苦的，庆幸有朋友的协助与支持、家人的鼓励与关怀，点点滴滴都是我长久以来努力的原动力，也让我得以投注更多的精力与心力在蔬果雕刻艺术上。

　　本书的内容与先前出版的书，最大的不同是新增了几何形切雕与排盘训练，以及花式综合水果盘图片，并将中式排盘、西式排盘、日式排盘分门别类。值得一提的是，本书收录了非常完整的各式蔬果盅切雕。此外，由于饮料在餐饮业的经营中日趋重要，本书也特别设计了杯饰切雕单元，在此感谢益泰玻璃公司热心提供各式杯盘供拍照使用。

　　通过本书的出版，将自己累积的经验与大众见面，衷心乐见所有初学者能有个顺利的开始。在学习的过程中，免不了会遇到疑问或困难，希望本书能为学习者提供最大的助益。

　　本书虽经细心核对，仍恐不免有疏漏之处，请各位同仁不吝指正，以供修订时参考，不胜感激。

周振文 谨识

目　　录

第4章 中式排盘装饰

第5章 西式排盘装饰

第6章 日式排盘装饰

第7章 瓜果盅切雕

第8章 简易水果盘切雕

第9章 饮品杯饰切雕

第1章

蔬果切雕基础

开始接触蔬果切雕前，应先了解蔬果的特性与选购原则，准备好适当的工具，并了解工具的使用方法，例如刀具拿握技巧等。这样做了，你的学习过程会更加顺利哦！

选购适合切雕的蔬果食材

○宜选购 ×不宜选购

狲猴桃（绿肉、黄肉）

○外形呈圆胖、椭圆形。
×表皮有斑点，压伤，松软，表皮皱折。

火龙果

○果身饱满完整、无虫害、呈鲜粉红色，叶片饱满呈绿色。
×果身歪斜，颜色不均，无光泽。

甜瓜

○饱满、端正、无虫害，果皮呈银白色略带黄色，气味香浓。
×蒂头脱落，有刮痕，无光泽。

芭乐

○圆弧形，厚重，蒂头紧连，表皮呈光亮的鲜绿色。
×果形凹凸，泛黄，有斑痕，无光泽，蒂头脱落。

苹果

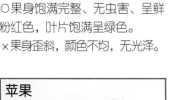

○表皮呈鲜艳亮丽的红色，蒂头紧连，有天然芳香的果香味。
×颜色太白，果形歪斜，有压伤，太软。

木瓜

○果身完整，表皮呈亮丽的金黄色，有光泽，斑点细而均匀。
×蒂头脱落，太熟，颜色不均，有虫蛀，无光泽。

洋香瓜

○圆形，厚重，蒂头紧连，表皮呈淡绿色，有天然果香味。
×果形歪斜，有虫蛀与斑痕，颜色不均，无光泽。

杨桃

○表皮呈光亮的黄绿色，果形完整、无大小片。
×果形歪斜，颜色太绿，蒂头脱落，太熟，表皮有刮痕。

牛番茄

○果形端正，外皮呈鲜红色，蒂头紧连，果身较硬实。
×果形歪斜，有斑点，太熟，太软，无光泽。

香蕉

○外形完整，表皮无刮痕，蒂头紧连，呈淡黄色，有天然果香味。
×蒂头脱落，形状太过弯曲，太熟太软。

爱文芒果

○果形完整，蒂头紧连，表皮光亮，斑点细而均匀，呈粉红或黄色，有天然果香味。
×蒂头脱落，太熟，有刮痕，无光泽。

小玉西瓜

○圆形，厚重，蒂头紧连，表皮无刮痕，有鲜明的绿色及黑色条纹。
×果形歪斜，有刮痕，颜色不均。

红肉西瓜

〇呈圆形，厚重，蒂头紧连，表皮无刮痕，呈鲜艳光亮的淡绿色。

×果形歪斜，有刮痕，颜色不均。

水梨

〇圆形，表皮光亮，斑点细而均匀，呈黄色，有天然果香味。

×表皮有刮痕，果形歪斜，蒂头脱落，有压伤。

龙眼

〇果形饱满，无虫害，呈土黄色，蒂头紧连。

×大小不均，蒂头容易掉落，有刮痕或黑点。

荔枝

〇果形饱满，无虫害，色泽呈鲜粉红色，蒂头紧连。

×颜色不均，蒂头容易掉落，无鲜艳光泽。

巨峰葡萄

〇大小均匀，呈紫黑色，散发葡萄芬芳果香味。

×颜色淡绿，蒂头易落掉，无光泽，有压伤，太软。

菠萝片、水蜜桃罐头

菠萝片罐头分为大罐及小罐，又分为切小块及圆片，宜选购圆片的。水蜜桃罐头为腌渍品，无核，无皮。可在市场食品店购买到。

菠萝

〇长圆筒形，厚重，表皮呈头青尾金黄色，能散发出浓郁的香味。

×表皮有虫蛀，太熟，叶子脱离蒂头。

哈密瓜

〇果形饱满，呈圆形，厚重，表皮网纹线条呈青白色。

×果形歪斜，有虫蛀、斑痕，蒂头脱落。

柠檬

〇果形完整，呈椭圆形，果皮颜色均匀、呈青绿色，蒂头紧连。

×形状歪斜，有裂痕、刮伤，颜色不鲜艳亮丽。

百香果

〇果形为完整的圆形，蒂头紧连，表皮呈紫色。

×颜色不均，无光泽，表皮有刮痕。

金橘

〇大小均匀，蒂头紧连，呈光亮的青橘色，有天然芳香的果香味。

×表皮有斑点，颜色不均，无光泽，表皮皱折。

葡萄柚

〇果身呈饱满之圆形，厚重，蒂头紧连，表皮呈光亮的橘黄色。

×果形歪斜，有压伤，有斑痕，颜色不均。

Part 1
Part 2
Part 3
Part 4
Part 5
Part 6
Part 7
Part 8
Part 9

11

Part 1
Part 2
Part 3
Part 4
Part 5
Part 6
Part 7
Part 8
Part 9

小番茄

○果形呈椭圆形，蒂头紧连，颜色呈鲜红色。

×果形不完整，有斑点，大小不均，无亮丽光泽。

生菜叶

○整颗结球松散，叶子呈波浪状，呈富有光泽的淡黄色。

×叶子太绿或太白，有虫蛀，叶子边缘焦黑。

九层塔

○叶子亮丽新鲜、完整、细致，呈绿色，有天然香味。

×叶子有虫蛀，太老，有斑点，发黑，变软。

荷兰豆荚

○外形饱满，色泽亮丽，大小均匀，呈鲜绿色。

×有斑点、虫蛀，外形歪斜，有皱痕，变软。

甜豆荚

○外形饱满，新鲜亮丽，大小均匀，呈鲜绿色。

×有斑点、虫蛀，外形有皱痕，蒂头脱落。

绿竹笋

○外形饱满完整，颜色亮丽富光泽，头部白皙，尾端黄绿。

×体形歪斜，有裂痕，有斑点。

巴西里

○亮丽鲜艳，叶子浓密且呈波浪形，深绿色。

×叶子泛黄，无光泽，有虫蛀，叶子稀疏。

红、黄甜椒

○外形完整饱满，表皮有鲜艳亮丽的光泽。

×椒身有斑点，有虫蛀，外形歪斜，表皮有皱折。

白萝卜

○外表匀称，饱满，厚重（避免空心），色泽白皙。

×表皮粗皱，外形歪斜，有裂痕，蒂头叶梗脱落。

南瓜

○外形饱满呈椭圆形，表皮绿白富光泽，蒂头紧连。

×表皮黄白（肉较薄），有虫蛀，外形歪斜，无光泽。

小黄瓜

○呈长直条形，鲜绿色，瓜身有凸出的小点为佳。

×尾端太胖，无光泽，有虫蛀，瓜身松软。

大黄瓜

○长直条形，蒂头紧连，呈深绿色，瓜身富有光泽。

×尾端太胖，表皮呈黄白色，有虫蛀，瓜身松软。

Part 1
Part 2
Part 3
Part 4
Part 5
Part 6
Part 7
Part 8
Part 9

蘑菇

○大小均匀，菇帽无歪斜，颜色雪白，洁净。

×颜色变黄，外形不够饱满，菇帽有刮伤、压伤。

茄子

○外形饱满，长直条形，表皮无刮痕，呈光亮的暗紫色。

×有虫蛀，茄身歪斜，尾端太胖，茄身松软。

黄秋葵

○外形饱满，长条形，表皮无虫蛀，呈鲜绿色。

×外形歪斜，蒂头脱落，大小不均，太软。

青椒

○外形完整饱满，表皮无斑点、刮痕，呈鲜绿色。

×表皮无光泽，有皱痕，外形歪斜。

绿花椰菜

○外形饱满，新鲜厚重，色泽呈深绿色，富光泽。

×叶子稀松，颜色不均，叶子内夹带蛀虫。

红辣椒

○外形饱满，呈新鲜之长条形，表皮呈鲜艳亮丽的红色。

×蒂头脱落，椒身弯曲，大小不均，有皱痕。

玉米笋

○大小长短均匀，身形饱满，颜色呈淡黄色。

×外表有虫蛀，笋尖断掉，有压伤，太软。

苜蓿芽

○外形饱满，呈细长条状，新鲜，富光泽，颜色呈淡黄色。

×大小不均，变软，颜色不均。

紫高丽菜

○饱满，富光泽，圆球形，厚重，颜色呈深紫色。

×表面有虫蛀、刮痕，不够新鲜，表皮有皱折，头部微烂。

鲜香菇

○大小均匀，菇帽无歪斜，颜色呈暗咖啡色。

×菇帽太白、太薄，有斑点，变软，有皱折。

蒜苗

○新鲜饱满，长条形，头部雪白，尾端呈鲜翠绿色。

×头大尾细，大小不均，叶子泛黄。

韭菜花

○新鲜饱满，茎较粗，颜色呈翠绿，未开花。

×粗细不均匀，泛黄，太老，无天然光泽。

Part 1
Part 2
Part 3
Part 4
Part 5
Part 6
Part 7
Part 8
Part 9

金针菇

○新鲜饱满，富亮丽光泽，菇身呈白色。

×菇帽脱落，菇身颜色变黄，有压伤，变软。

青芦笋

○粗细均匀，鲜嫩，头部呈翠绿色，茎呈白玉般洁净。

×颜色变黄，变软，头部已开花。

马铃薯

○外形饱满均匀，呈椭圆形，无凹凸，色泽呈鲜艳土黄色。

×有黑色斑点，表皮有裂痕或皱痕，已发芽。

青江菜

○新鲜有光泽，颜色呈翠绿色，大小颗均匀。

×头部歪斜，叶子泛黄，有虫蛀。

红色洋葱

○外形饱满均匀，圆形，表皮呈透明鲜红色。

×松软，外形歪斜，长芽或表皮微烂。

胡萝卜

○外形饱满，坚实厚重，表皮光亮，呈橘色。

×较轻者（可能空心），表皮粗皱有裂痕，头部发黑、长芽。

红绿大番茄

○果形饱满，圆形，外皮鲜艳有光泽，蒂头紧连，较硬。

×外形不完整，有斑痕，太软，无光泽。

西芹

○外形饱满，新鲜厚重，富亮丽光泽，表皮呈淡绿色。

×有刮伤，表皮泛黄，外形细长，呈深绿色。

黄肉玉米

○外形饱满，米粒整齐完整，富亮丽光泽，呈金黄色。

×颜色不均，有虫蛀，米粒大小不均、有皱痕。

鱼板

鱼板为日式食品，种类非常多，是由鱼浆加工而成的，可在超市购买到。

竹轮

竹轮的颜色呈白中带黄，是鱼浆加工品，分为长形及短形，可在超市购买到。

蒟蒻板

蒟蒻（魔芋）板常见白色及咖啡色，市面上卖的有块、丝、卷等状，可在超市购买到。

蔬果切雕工具大集合

（一）

①中式片刀。

②9cm雕刻刀。

③12cm雕刻刀。

④9cm雕刻刀。

（二）

①西式片刀。

②长挖球器。

③短挖球器。

④橄榄刀。

⑤刮皮刀。

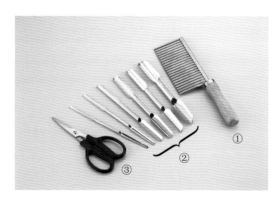

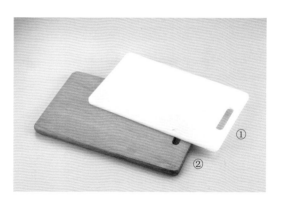

（三）

①木柄波浪刀。

②大小6支装圆形、尖形槽刀。

③剪刀。

（四）

①塑料砧板，适合切割熟食及水果类。

②木质砧板，适合切割生食及蔬菜类。

Part
1

Part
2

Part
3

Part
4

Part
5

Part
6

Part
7

Part
8

Part
9

Part 1

Part 2

Part 3

Part 4

Part 5

Part 6

Part 7

Part 8

Part 9

（五）

①大小圆圈形压切模具。

②大小波浪形压切模具。

③花形、波浪形压切模具。

④双喜字压切模具。

（六）

①磨刀石。

②扁形、半圆形、三角形锉刀。

③医用镊子。

④水性记号笔。

⑤伸缩透气创可贴。

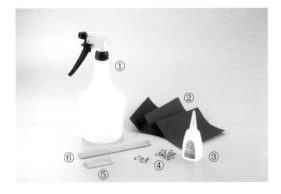

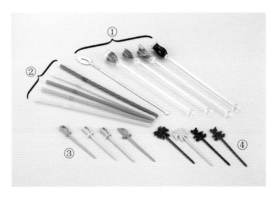

（七）

①手动喷水器。

②水砂纸。

③三秒胶。

④各式活动眼睛模型。

⑤双头尖牙签。

⑥竹签。

（八）

①各式调酒、果汁棒。

②彩色伸缩吸管。

③刀形剑插。

④各式图案剑插。

刀具认识与拿握技巧

一、刀具的基本结构

片刀、雕刻刀的结构如图1、2所示。

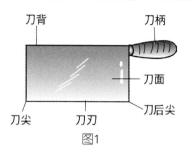

图1

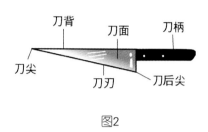

图2

二、雕刻刀的拿握法

1.将雕刻刀磨利后，以创可贴海绵处包住刀后尖（如图3)，以避免在切雕时割伤虎口。

2.刀柄放在虎口处，大拇指紧贴刀柄前刀面，食指是切雕时的出力点，须紧贴按压刀背。中指弯曲，紧贴外侧刀刀面以稳住刀子。无名指、小指紧靠切雕食材，以便使力切雕蔬果（如图4）。

3.在切雕蔬果时，拿刀如拿笔状。但是无名指及小指须紧靠食材（如图5），避免悬空，以免雕坏作品或割伤手指。

图3

图4

图5

一般雕刻刀按刀背长度分为长（12cm）、短（9cm)两种，建议初学者购买9cm的。

三、中式片刀拿握法

1.手掌虎口打开，握住刀柄（虎口不可超过刀柄），大拇指紧贴刀柄前的刀面（如图6）。

2.食指弯曲，紧贴刀背及外侧刀面，中指、无名指、小指紧握刀柄（如图7）。

图6

图7

Part
1

Part
2

Part
3

Part
4

Part
5

Part
6

Part
7

Part
8

Part
9

四、西式片刀拿握法

1. 手掌虎口打开，握住刀柄（虎口不可超过刀柄），大拇指紧贴刀柄前的刀面（如图8）。
2. 食指弯曲，紧贴刀背及外侧刀面，中指、无名指、小指紧握刀柄（如图9）。

图8

图9

在开始切割食材时，人须站立（不宜坐着），两脚与肩同宽。砧板底下须以湿布垫着，以防止砧板滑动。左手拿稳食材，右手握稳刀子，以顺利进行蔬果切雕。

切雕作品保存技巧

　　精雕细琢的蔬果作品，最后会伴随佳肴美馔呈现于用餐者的面前，成为餐桌、餐盘上的视觉焦点，增进用餐情趣。在上菜之前，保持作品的新鲜度与外形的完好是非常重要的任务。
　　依据根茎类及瓜果类食材的不同特性，各类蔬果切雕作品的保存方法也各异。

水果类

·方法一：切雕好后，可用湿布或湿纸巾包裹，存放于保鲜盒，冷藏。
·方法二：含铁质的水果，切雕好后可浸泡在盐水或柠檬水中几秒钟（软质水果如香蕉，则于切口处轻蘸一下盐水即可），再拿出沥干水分，包裹保鲜膜后放入容器，以冷藏保存，可防止变干、变色。

食盐水比例：食盐1茶匙+清水或矿泉水800ml。

柠檬水比例：柠檬1颗榨汁+清水或矿泉水800ml。

根茎类

·方法一：切雕好后，浸泡于清水中，冷藏。
·方法二：切雕好后，以湿纸巾包裹，再用保鲜膜包裹、冷藏。
·方法三：切雕好后，以明矾水浸泡、冷藏。明矾水比例：50g明矾粉+3000ml清水（明矾粉可在一般药店购买到）。

叶菜类、根茎类切雕作品在浸泡过程中，不可沾到油或盐分，否则会变软、腐坏，切记喔！

第2章

基础切雕技法

本章介绍的是最基本、也是最简单的切雕技法，使用各种不同的蔬果来练习，以熟悉各种蔬果食材的硬度、切雕工具的使用方法及切雕技巧。

Part 1
Part 2
Part 3
Part 4
Part 5
Part 6
Part 7
Part 8
Part 9

甜椒菱形切雕法　使用工具：片刀

❶ 取色泽鲜艳亮丽的红甜椒1个。以片刀直切为2瓣，挖除内籽，将每1瓣直切为2瓣后再直切2瓣，共切出8等份。

❷ 取每瓣，以片刀平刀切除椒肉内膜。

❸ 以片刀直切去甜椒左、右两边斜角，呈长方形片。

❹ 取甜椒长方形片，以片刀斜45°，先切除头部少许，再间隔1.5cm切割菱形片。

❺ 分别将大小均等的甜椒切割成菱形后，略汆烫，即可排盘。

甜椒叶子形切雕法　使用工具：片刀、雕刻刀、牙签

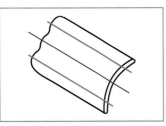

❶ 取红甜椒半个，去籽，以片刀直切为2瓣，再切为4长瓣。

❷ 取切除内膜的红甜椒瓣，以牙签轻轻画出叶子线条后，再以雕刻刀切雕出圆弧形叶子。

❸ 以雕刻刀切雕出大小均等的叶子形状后，略汆烫，即可排盘。

茄子锯齿花切雕法　使用工具：雕刻刀、牙签

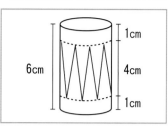

❶ 取色泽鲜紫亮丽、直长条茄子1条，以雕刻刀切除头蒂2cm，再切6cm长段。以牙签轻画出头尾预留1cm参考线（如图中虚线），于中段轻划出锯齿形（如图中红线）。

❷ 以牙签划出锯齿线条后，以雕刻刀按锯齿形线条切割，需切至茄肉中心。

❸ 完全切割后，以手轻轻拨开即可（若拨不开，则需于原刀痕处再切深一点）。

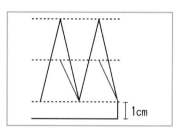

❹ 拨开后，以雕刻刀于每片尖形锯齿中心点往外斜切，深0.5cm，如图中红线所示。

❺ 由每个锯齿尖端向内0.5cm处片开表皮，至底部预留1cm不切。

❻ 翻开表皮，以反时针方向轻轻扭转，将分叉的尖端固定于茄肉间隙，即可染色、排盘。

> 各色染色剂（粉状）可在食品店买到。一般颜色有红、桃红、橘、青绿色等。

蘑菇帽切雕法-1　使用工具：雕刻刀、牙签

取色泽洁白，菇帽圆形、完整的蘑菇2朵，先以牙签于菇帽中心划分6等份，再以雕刻刀切雕出线条（勿用刀尖切雕）。每条线各以左、右45°斜刀，深0.5cm，切出V形凹槽。

Part 1
Part 2
Part 3
Part 4
Part 5
Part 6
Part 7
Part 8
Part 9

蘑菇帽切雕法-2 使用工具：雕刻刀、牙签

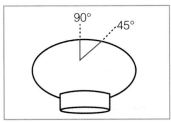

取色泽洁白，菇帽圆形、完整的蘑菇2朵。以牙签插于菇帽中心，以雕刻刀顺着菇帽圆周，以一90°直刀、一45°斜刀的方式切雕出V形锯齿（深0.5cm，锯齿间隔0.4cm），切毕即可入锅烹煮。

鲜香菇帽切雕法 使用工具：雕刻刀

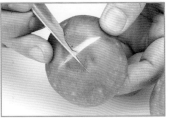
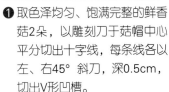

❶ 取色泽均匀、饱满完整的鲜香菇2朵，以雕刻刀于菇帽中心平分切出十字线，每条线各以左、右45°斜刀，深0.5cm，切出V形凹槽。

❷ 再切一次十字形，成8等份米字形，即可入锅烹煮。

削橄榄刀法 使用工具：片刀、橄榄刀

❶ 取新鲜饱满、无歪斜马铃薯1个，以片刀切除头尾及边缘成为长方形块。

❷ 以片刀分切出长4cm、宽1.7cm的长方长形块。

❸ 拿稳马铃薯块，以橄榄刀将四边角雕成圆弧形。

❹以橄榄刀细修不规则处，使之呈橄榄形。

❺亦可以胡萝卜、竹笋、大黄瓜切雕出各种不同颜色的橄榄。

大黄瓜锯齿花切雕法 使用工具: 片刀、雕刻刀

❶取色泽翠绿、身形直长的大黄瓜1条，以片刀切除头蒂2cm，直刀切成2个长5.5cm圆段。

❷以牙签在圆段一端横切面上画十字形，使之成4等份，再将每等份划分成2等份，共8等份。

❸雕刻刀以斜45°，将每等份雕成深度1.5cm的V形凹槽，使表皮呈锯齿状。

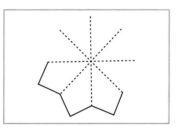

❹切雕好的大黄瓜，可直接排盘装饰。

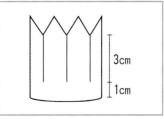

❺亦可再以雕刻刀直刀切割图中红线部分（深0.5cm），底部1cm不切，再片开每一片表皮。泡水后表皮即会自然外翻呈开花状。

Part
1
Part
2
Part
3
Part
4
Part
5
Part
6
Part
7
Part
8
Part
9

大黄瓜表皮叶片切雕法　使用工具：片刀、雕刻刀、牙签

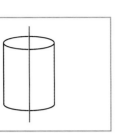

❶ 取一色泽翠绿、饱满大黄瓜，切成5~6cm长圆段，以片刀切成2半圆形块。

❷ 分别由右而左，顺着圆弧面片取表皮，厚度0.5cm。

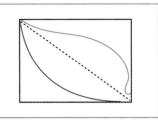

❸ 取大黄瓜表皮，以对角线为基准，以牙签画出弧形线条，再画出叶梗及S线条。

❹ 以雕刻刀顺着线条雕出叶子，分别雕成2片。

❺ 以牙签于叶片中心由粗到细画出中央叶脉。

❻ 用雕刻刀以直刀、斜刀，深度0.2cm，雕出叶脉。以同样技法切雕出叶缘锯齿。

❼ 大黄瓜皮叶片可单独成为盘饰，亦可排在花朵旁点缀。

> 叶脉也可以使用尖形槽刀来雕切。

甜豆切雕法　使用工具：雕刻刀

❶ 取豆荚完整饱满、大小均匀的甜豆，以手撕除上下丝状筋。

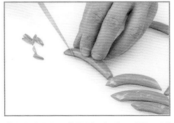

❷ 以雕刻刀分别在左右两端，斜45°切成斜尖形。

❸ 切好的甜豆荚，烫熟后即可排盘。

❹ 甜豆荚也可将两端各斜切两刀，切成尖形。

Part 1
Part 2
Part 3
Part 4
Part 5
Part 6
Part 7
Part 8
Part 9

荷兰豆切雕法　使用工具：雕刻刀

❶ 取豆荚完整饱满、大小均匀的荷兰豆，以手撕除上下丝状筋。

❷ 将荷兰豆荚两端，左右各斜45°切成V形开叉。

❸ 切好的荷兰豆荚，烫熟即可排盘。

❹ 荷兰豆也可将两端各斜切一刀，切成斜尖形。

小黄瓜切雕松柏法　使用工具：片刀

❶ 准备直长形小黄瓜1条，横切为2段，取其一段再以片刀直切为半圆长条。

❷ 小黄瓜半圆长条以片刀直切为长条薄片，底部0.3cm不切断，每片厚度0.1~0.2cm。

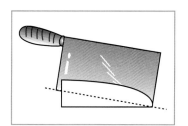

❸ 在用片刀切割长条薄片时，可将片刀尾端翘起，以刀尖切至砧板，这样较不容易切断食材。

Part 1
Part 2
Part 3
Part 4
Part 5
Part 6
Part 7
Part 8
Part 9

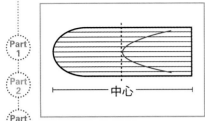

中心

❹片刀斜10°角，从中心点开始以一推、一拉的方式，片切小黄瓜（厚度0.3cm），成一左一右叶片状。

❺切至小黄瓜头部时，刀斜40°切除黄瓜头部，即可排盘。

大黄瓜表皮小草切雕法　使用工具：片刀、雕刻刀

❶取一色泽翠绿、饱满大黄瓜，切成5~6cm长圆段，以片刀切成2个半圆形块，分别由右而左，顺着圆弧面片取表皮，厚度0.5cm。

❷以牙签于表皮上画出放射状小草数片。

❸以雕刻刀顺着线条切割出小草即可。

❹完成品可用三秒胶黏贴于底座上。

波浪刀各式切法　使用工具：波浪刀、片刀、刮皮刀

白萝卜

❶取洁白、厚重的长白萝卜1条，以片刀切除头、尾，刮除表皮，再以波浪刀直切圆厚片，厚度1.5cm。

❷每片再以波浪刀切割成四等份，即可烹煮菜肴。

小黄瓜

取新鲜色泽翠绿的直长条形小黄瓜，波浪刀以斜45°，切成0.4cm厚片，即可在烹煮菜肴时作为配色。

胡萝卜1

❶取色泽鲜艳胡萝卜1条，以片刀切除头部，刮除外皮，切除四周外圆弧面，成正方形长条。取波浪刀，以直刀切成0.5cm厚的正方形片。

❷将正方形厚片以波浪刀对角直切，成三角形片。

胡萝卜2

❶取色泽鲜艳胡萝卜1条，以片刀切除头部，刮除表皮，切除两侧外圆弧。以直刀纵向切成厚0.5cm薄片。

❷将薄片以波浪刀切出长三角片，三角片底边2cm，如图所示。

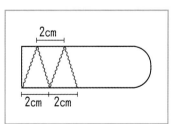

Part 1
Part 2
Part 3
Part 4
Part 5
Part 6
Part 7
Part 8
Part 9

尖形槽刀各式切雕法 使用工具：尖形槽刀、片刀

大黄瓜叶子

❶ 大黄瓜表皮以雕刻刀切雕出叶子及叶脉后，以尖形槽刀将叶缘切雕成锯齿状。

❷ 雕好的叶子适合排放在雕好的花朵旁。

大黄瓜花片

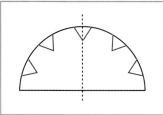 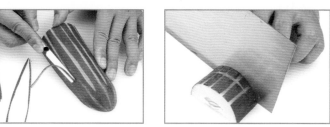

❶ 以片刀截取大黄瓜半圆形长段的1/4。取中心线位置，以尖形槽刀挖出深0.5cm V形凹槽，使之成2等份，再分别于每1等份平均挖出2条V形凹槽。

❷ 以片刀于黄瓜块上切割半圆形薄片，深三分之二，不切断，每片厚0.1~0.2cm。

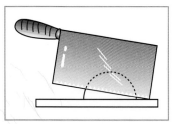  

❸ 片刀切割圆形薄片时，可将片刀尾端翘起，以刀尖切至砧板，这样较不容易切断食材。

❹ 以片刀横刀切取薄片，即可排盘。

❺ 黄瓜片有多种排盘装饰形式，读者可自由发挥想象，进行创意变化。

小黄瓜花片

❶ 取色泽新鲜翠绿长直条小黄瓜，切除头部。取尖形槽刀，顺着圆周挖出纵向V形凹槽，间隔0.5cm。

❷ 变化1：先直切剖成一半后，以45°切成斜片。

❸ 变化2：直刀切圆形片，每片厚0.4cm。

❹ 变化3：斜切成椭圆形片，每片厚0.4cm。

尖形槽刀的线条运用

❶ 尖形槽刀可用来雕出小鸟尾巴的直线条。

❷ 尖形槽刀可用来雕出小鱼尾巴的圆弧线条。

 Part 1
 Part 2
 Part 3
Part 4
Part 5
Part 6
Part 7
Part 8
Part 9

Part 1
Part 2
Part 3
Part 4
Part 5
Part 6
Part 7
Part 8
Part 9

圆形槽刀各式切雕法 使用工具：半圆形槽刀、雕刻刀、牙签

🦢天鹅

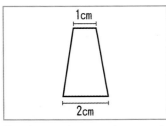

❶ 白萝卜切厚片，上宽1cm，底宽2cm。

❷ 以圆形槽刀于厚片平面左上角挖切圆孔，再切除底部1.5cm。

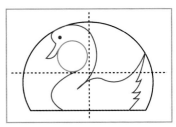

❸ 再以牙签轻划出天鹅轮廓，如图：顺着圆孔画出脖子，再画嘴巴和身体。

❹ 以雕刻刀顺着线条雕出天鹅外形。

> 切雕白萝卜、胡萝卜这类质地较硬脆的食材时，雕刻刀难以用旋转的方式切出圆弧，运用圆形槽刀则能轻松切出漂亮的圆弧。

圆形槽刀变化运用

❶ 圆形槽刀可用来雕出小鸟下巴的圆弧状。

❷ 圆形槽刀可用来雕出鱼尾上扬的弧形。

❸ 圆形槽刀可用来雕出鱼鳞，每片深0.3~0.5cm。

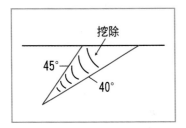

❹ 每片鱼鳞的雕法是：先以45°斜切一刀（呈半圆形），刀略后移，再以40°斜切第二刀（如图），挖除鳞片下方萝卜，即可呈现出立体感。

第3章

几何形切雕与排盘训练

　　利用常见的蔬果食材，切成简单的几何形状，如直线、曲线、圆形、半圆形、方形等，再进行排列、组合、配色，即可完成简单又富创意的盘饰。

Part 1
Part 2
Part 3
Part 4
Part 5
Part 6
Part 7
Part 8
Part 9

青江菜切法

切雕

❶ 青江菜数棵，以手剥取外层较大叶梗，使剩下的叶片大小均匀（一棵约剩4片叶梗）。

❷ 以雕刻刀切齐青江菜顶端的叶子。

❸ 以雕刻刀将青江菜根部略修成尖形。洗净后烫熟，即可排盘。

排盘

❶ 取数棵青江菜，根部朝外、叶端朝内，依序排放于距离盘缘3cm处。

❷ 取青江菜每4棵为一组，根部朝外，间隔3cm排成2个或3个扇形。

❸ 取青江菜数棵，根部朝外，每棵间隔3cm排成放射状。

绿花椰菜切法

切雕

❶ 以雕刻刀将花椰菜的每朵切割下来（若大朵则一切为二）。

❷ 以雕刻刀将每朵花椰菜的梗端修成尖形。洗净后烫熟，即可排盘。

排盘

❶ 取数朵花椰菜，梗部朝内，间隔2cm排于盘边。

❷ 取花椰菜8朵，每4朵为一组，梗部朝内，间隔3cm排于盘边。

❸ 取数朵花椰菜，梗部切平，间隔1.5cm，站立排列于盘边。

Part 1
Part 2
Part 3
Part 4
Part 5
Part 6
Part 7
Part 8
Part 9

大黄瓜圆片切法

切雕

取大黄瓜1条，以片刀切除头部2cm，再切取厚度0.2cm的圆薄片。

> 大黄瓜容易滚动，切片时可以用左手的无名指及小指抵在砧板与大黄瓜之间的空隙，就能避免滚动，轻松切出漂亮的薄片。

排盘

❶ 取大黄瓜圆片与小黄瓜圆片，交错排于盘边，取红辣椒圆片，置于大黄瓜片上配色。

❷ 取大黄瓜圆片，间隔3cm排于盘边，取小黄瓜及红辣椒圆片叠于大黄瓜片上。

❸ 大黄瓜圆片2片为一组，排于盘边，间隔3cm。另取小黄瓜、红辣椒圆片叠于黄瓜片上，再以红辣椒椭圆长条点缀。

Part 1
Part 2
Part 3
Part 4
Part 5
Part 6
Part 7
Part 8
Part 9

大黄瓜半圆片切法

切雕

取一段大黄瓜，以片刀直切剖半成半圆长段，再以推拉的方式直刀切成厚0.2cm薄片。

排盘

❶ 大黄瓜半圆片2片为一组，排于盘边，取小黄瓜半圆片叠于黄瓜片上，搭配去籽红辣椒椭圆长条。

❷ 取大黄瓜半圆片并排于盘边，另取小黄瓜半圆片及红辣椒片叠于大黄瓜片上。

❸ 取数片大黄瓜半圆片，排一列于盘边（并排法），再往盘内叠上第二层（交叠法）大黄瓜片，搭配红辣椒圆片即可。

大黄瓜1/2半圆片切法

切雕

❶ 取一段大黄瓜，以片刀直切剖半，取一半划分二等份，横切一刀，去除下层1/2有籽部分。

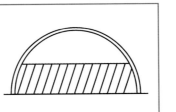

❷ 取上层无籽圆弧部分，以推拉的方式直切厚0.2cm薄片。

排盘

Part 1
Part 2
Part 3
Part 4
Part 5
Part 6
Part 7
Part 8
Part 9

❶ 取大黄瓜片，圆弧朝外并排于盘边，再以圆弧朝内排入第二排，两排圆弧交错呈波浪状。

❷ 大黄瓜片4片为一组排成花样（先以2片合成橄榄形，再排左右2片），间隔2cm，中心以红辣椒椭圆片点缀。

❸ 大黄瓜片6片为一组排成莲花状（先以2片合成橄榄形，再排左右共4片花瓣），花心以红辣椒圆片点缀。

红黄甜椒菱形片切法

切雕

❶ 取红黄甜椒各半粒，去籽洗净，以片刀取中线直切为二，再切割为4长块。

❷ 以平刀法小心切除甜椒内膜。

❸ 光泽表皮朝上，以片刀将每片宽度修整为1.5cm。

❹ 片刀斜45°，间隔1.5cm，将红黄甜椒切成菱形块（头尾需切除），烫熟后即可排盘。

Part 1
Part 2
Part 3
Part 4
Part 5
Part 6
Part 7
Part 8
Part 9

排盘

❶以红黄相间，依序排于盘边。

❷2红2黄为一组，排成大菱形，排列于盘边，间隔1.5cm。

❸2红1黄为一组，排成山字形，排列于盘边，间隔2.5cm。

西洋芹月形片切法

切雕

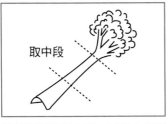

❶取西洋芹菜中段，以刮皮刀刮除表皮。

❷用片刀以推拉的方式直刀切取厚0.2cm片。

排盘

❶西洋芹月牙形片2片为一组排于盘边（凹槽向盘内），每组间隔3cm，以1片红辣椒圆片叠放中间。

❷西洋芹月牙形片2片为一组排于盘边（凹槽朝向左右相反），每组间隔2cm，以2片红辣椒圆片分别排于左右凹槽。

❸西洋芹月牙形片2片为一组排于盘边（凹槽相对），每组间隔3.5cm，以1片红辣椒圆片置于中间。

柳橙1/3半圆片切法

切雕

❶ 柳橙1个，带头朝上，以片刀于带头旁0.7cm直刀推拉切开，成一大一小。

❷ 取较小的一边，切除头部圆弧1cm（横纹方向），直刀推拉切取厚0.2cm薄片。

排盘

❶ 柳橙薄片圆弧朝内排于盘边，相间处排入红辣椒圆片。

❷ 柳橙薄片圆弧朝外排于盘边，相间处排入红辣椒圆片。

❸ 柳橙薄片以3片为一组，先放1片，再叠入左右两片，每组间隔1.5cm。

> 柳橙切片后，取大小相近的柳橙片（靠近中段的部分）来排盘，靠近头尾端较小片的不使用。

小黄瓜斜片切法

切雕

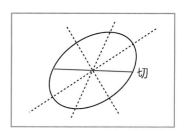

切

❶ 小黄瓜一条，以片刀斜45°切除头部。

❷ 以片刀斜45°，推拉切成厚0.2~0.3cm斜片。

❸ 取小黄瓜斜片，先以牙签画十字形，再轻画成8等份，按图中红线直切一刀切断。

Part 1
Part 2
Part 3
Part 4
Part 5
Part 6
Part 7
Part 8
Part 9

❹斜切一刀后，将其中1片翻面，即可拼成心形。

 排**盘**

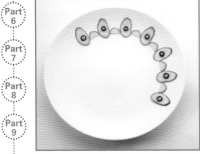

❶小黄瓜斜片与半圆片间隔排于盘内，红辣椒圆片叠于斜片上。

❷小黄瓜斜片3片为一组，排于盘内，每组间隔2cm，红辣椒圆片叠于中间。

❸小黄瓜心形片排于盘内，间隔3cm，以红辣椒圆片点缀。

小黄瓜半圆斜片切法

切**雕**

❶取青脆直长条小黄瓜1条，以片刀切取1/3条。

❷以片刀斜45°切除头部，再斜切薄片，每片厚0.2cm。

排盘

❶ 小黄瓜斜片每6片为1组，两两拼成一橄榄形，再排成花样，排列盘内，于花心部位搭配红辣椒圆薄片。

❷ 小黄瓜斜片6片为1组，2片相对拼成橄榄形排在中间，另4片两两相背，排于左右成花朵状，中间放上红辣椒斜片。

❸ 小黄瓜斜片2片为1组，两两相背拼成V形，排于盘边，每组间隔3cm，中间放上红辣椒斜片。

Part 1

Part 2

Part 3

Part 4

Part 5

Part 6

Part 7

Part 8

Part 9

小黄瓜套环切法

切雕

❶ 取色泽翠绿的直条小黄瓜1条，切除头部。小黄瓜以片刀切成1cm高圆柱状。

❷ 以中型圆槽刀挖除小黄瓜瓜肉，成中空状。

❸ 将每段中空的小黄瓜平均切成3个小圆圈。

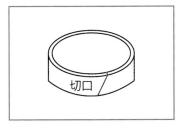

切口

❹ 取其中一个圆圈切一斜刀，如图所示，将另外两圆圈由此切口套入，即成套环。

排盘

做5组小黄瓜套环，分别排入盘内，间隔处摆放小黄瓜圆片及红辣椒圆片。

Part 1
Part 2
Part 3
Part 4
Part 5
Part 6
Part 7
Part 8
Part 9

小黄瓜半圆片切法

切雕

取直长条小黄瓜1条，以片刀切取2/3长条。直刀切除头部1cm，再以推拉方式直刀切成半圆形薄片，每片厚度0.2cm。

排盘

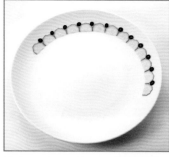

❶ 取小黄瓜片数片，沿盘边同方向排成1排，每片中间再排入红辣椒圆薄片。

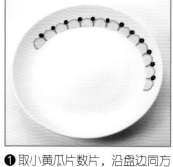

❷ 取小黄瓜片数片，沿盘边同方向排成第一排，再往内侧，方向相反，位置交错，排成第二排，即呈波浪状。

苹果1/4半圆片切法

切雕

❶ 取新鲜圆形苹果1个，蒂头朝上，以片刀于蒂头旁1cm处直刀推拉切成两半。

❷ 取较小的一半苹果，切除头部圆弧1cm，再切取厚0.2cm薄片数片。

> 切好的苹果片需用盐水浸泡几秒钟再捞出，可避免氧化变黑。

排盘

❶ 苹果薄片，先排半圈于盘边，每两片中间再叠上大黄瓜片。

❷ 先排入1片大黄瓜片，左右叠上2片苹果片，中心点再搭配红辣椒圆片。

❸ 苹果片圆弧一朝内一朝外，排为波浪状，搭配小黄瓜半圆薄片。

大黄瓜半圆斜片切法

切雕

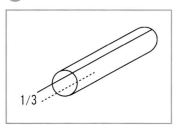

❶ 取大黄瓜1条，切除头蒂1.5cm，再直刀切取1/3长条。

❷ 大黄瓜1/3长条平放于砧板，以片刀斜20°切除头部3cm，再以推拉方式切成斜薄片，每片厚度0.3cm。

排盘

❶ 将切好的大黄瓜斜片并排于盘边，再以交叠方式排入柳丁薄片。

❷ 将切好的大黄瓜斜片并排于盘边，每片再放上小黄瓜半圆斜片。

❸ 将大黄瓜斜片并排，再将柳橙片排于大黄瓜片内，大黄瓜斜片之间再排入小黄瓜及红辣椒斜片。

小黄瓜圆片切法

切雕

取直长条小黄瓜，以片刀切除头蒂1cm，再以推拉方式切取厚度0.2cm圆片数片。

Part 1
Part 2
Part 3
Part 4
Part 5
Part 6
Part 7
Part 8
Part 9

Part 1
Part 2
Part 3
Part 4
Part 5
Part 6
Part 7
Part 8
Part 9

排**盘**

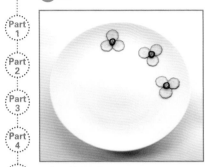

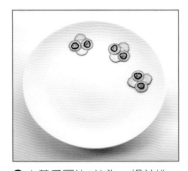

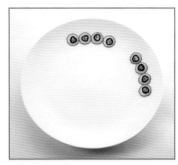

❶ 小黄瓜圆片3片为一组，排入盘边，中间搭配圆片红辣椒成小花状。

❷ 小黄瓜圆片2片为一组并排，每组间隔2cm，每片再放上红辣椒圆片，呈眼睛状。另将小黄瓜圆片切成两半，排入每双"眼睛"的上下侧。

❸ 小黄瓜圆片4片为一组并排，每组间隔2.5cm，每片再放上红辣椒圆片。

红黄绿甜椒条切法

切**雕**

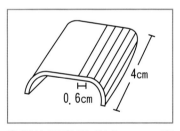

❶ 取红、黄、绿甜椒各半个，切除头尾，取中段4cm。

❷ 以片刀切除每片甜椒的内膜及较厚的甜椒肉。

❸ 以片刀直切成长4cm、宽0.6cm条。

排**盘**

❶ 一红、一黄甜椒为一组排成直线形，每组间隔3cm，再将绿甜椒排于红黄甜椒的中心上下方。

❷ 取红、黄、绿甜椒3条为一组，排列于盘边呈阶梯形，每组间隔3cm。

❸ 红、黄、绿甜椒3条为一组纵向并排，每组间隔3cm，排成放射状。

胡萝卜半圆片切法

切雕

❶ 胡萝卜以片刀切除头部1cm，再以推拉方式切取3cm长圆块，不刮除表皮。

❷ 以片刀将胡萝卜圆块从中线直切成2个半圆块，取其一，以片刀切除外面的表皮。

❸ 以片刀推拉方式切薄片，每片厚0.2cm。将切好的薄片以热水烫30秒，过冷水，以避免弯曲。

排盘

❶ 胡萝卜2片一组并排，每组间隔1.5cm，再以小黄瓜半圆片排列于内侧。红辣椒剖成两半，去籽，以雕刻刀切割成菱形，排于2片胡萝卜中间。

❷ 取数片胡萝卜半圆片，沿着盘边并排，于胡萝卜内侧排入小黄瓜半圆片。

❸ 取数片胡萝卜半圆片，每片间隔1cm排于盘边，每片再叠上小黄瓜半圆片及红辣椒圆片。

胡萝卜菱形片切法

切雕

❶ 取胡萝卜1条，片刀斜45°切除尾端，再斜切成2cm厚片。

❷ 以片刀分别切除每块的左右圆弧边。

❸ 每块萝卜头尾处，以片刀斜45°切割，切成菱形块。

Part
1

Part
2

Part
3

Part
4

Part
5

Part
6

Part
7

Part
8

Part
9

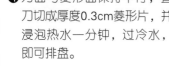

❹刀面与菱形面保持平行，直刀切成厚度0.3cm菱形片，并浸泡热水一分钟，过冷水，即可排盘。

 排盘

❶取胡萝卜菱形片2片为一组，排于盘内，每组间隔2cm。另取胡萝卜菱形片1片，分切成4小片菱形片，2片一组排放。

❷胡萝卜菱形片4片为一组，排成放射状，每组间隔2cm，再以小黄瓜、红辣椒圆片叠于中心。

❸取胡萝卜菱形片并排于盘边，以红辣椒圆片上下点缀。

菠萝片1/4切法

切雕

取罐装菠萝片数片，平放砧板上，以片刀直切十字成4等份。

> 切菠萝片时勿叠太高，以免滑散、切歪，两片相叠较合适。购买菠萝罐头时须看清楚标示，才不会买到切成小片或切丁的产品。

排盘

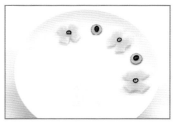

Part 1

Part 2

Part 3

Part 4

Part 5

Part 6

Part 7

Part 8

Part 9

❶ 菠萝片2片为一组，圆弧开口相背，每组间隔4cm，再以红辣椒圆片排于菠萝片中心。另切小黄瓜、红辣椒圆片，重叠后排列于间隔处。

❷ 菠萝片2片为一组，圆弧开口相对，每组间隔3cm，再以红辣椒菱形片排于两片菠萝片中间。

❸ 菠萝片沿盘边排成一排，圆弧开口向内，再以圆片红辣椒排于间隙处。

菠萝半圆片切法

切雕

排盘

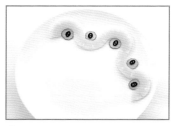

取罐装菠萝片数片，平放于砧板，以片刀对半直切。

❶ 菠萝片2片一组，圆弧开口朝内排列盘边，每组间隔1.5cm，搭配小黄瓜菱形片及红辣椒椭圆形片。

❷ 取菠萝数片，圆弧开口一朝内一朝外排成一排，另将小黄瓜、红辣椒圆片重叠，排于菠萝片圆弧内。

茄子斜片切法

切雕

排盘

取新鲜茄子1条，以片刀斜45°，切除头部，再以推拉方式斜切成薄片，每片厚度0.2cm。

❶ 茄子斜片4片为一组交叠，排于盘边，每组间隔4cm。小黄瓜、红辣椒圆片相叠，排列于最上层薄片中央。

❷ 茄子斜片2片为一组并排，再以较小的小黄瓜斜片排于茄子片上。红辣椒去籽，切成尖形，排于2片茄子中间。

茄子切好后需泡盐水30秒，可避免氧化变黑。

Part
1

Part
2

Part
3

Part
4

Part
5

Part
6

Part
7

Part
8

Part
9

排盘技巧

　　想排出好看的盘饰并不困难！除了依照本单元中示范的方法勤加练习、多方尝试以外，在此有几点基本原则供参考。

1.反复原则：以一个形状为基本单位，以同一方向、相等距离排列。

❶以圆形为基本单位，顺着盘缘以相等间距排列。

❷以1棵青江菜为基本单位，顺着盘缘排列。

2.对称原则：以一中心轴为基准，进行上下、左右或放射性的对称组合。

❶以圆形为单位，进行左右对称排列。

❷利用同一颜色为单位，进行上下、左右对称排列，同时也进行菱形的上下、左右对称排列。

3.渐变原则：以一种形状或一个距离为基准，依序变大或变小。

❶圆形的大小渐变。

❷距离（位置）的渐变。

4.律动原则：将同一组形式单位，进行反复或渐变的组合，可使画面产生律动性的美感。

❶以"1大圆+1小圆"为一组形式单位，反复排列而成。

❷以2片菠萝片排成的S形为1个单位，反复排出S形，即出现波浪状的律动感。

　　以上这些原则，都由某种"秩序"所构成，秩序能使人在视觉上产生安定的愉悦感，产生"秩序之美"。以这些原则为基础，然后加以变化，就能产生"变化的美感"了。

第4章

中式排盘装饰

中式排盘装饰性强，常呈现华丽风格。带有吉祥意味的图案，像鸳鸯、鱼、如意、菊花等，因具有团圆、富贵的意义，因此成为中式排盘中不可或缺的元素。

Part
1

Part
2

Part
3

Part
4

Part
5

Part
6

Part
7

Part
8

Part
9

茄子花染色切雕法

使用工具：片刀、雕刻刀、牙签

切雕类型：等份划分、间隔排列

Part
1

Part
2

Part
3

Part
4

Part
5

Part
6

Part
7

Part
8

Part
9

❶ 准备大黄瓜1/4条，小黄瓜1条，茄子（头部）1段，桃红色染料适量。

❷ 取片刀，将大黄瓜直切厚0.1cm薄片，下刀深度为瓜肉的2/3。

❸ 以横刀切取瓜肉上方2/3处的弧形薄片，排于盘内呈S形，每片间隔0.5cm。

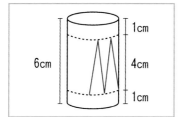

❹ 取茄子一段长6cm，头尾预留1cm，于中段处以牙签画锯齿线（勿划伤表皮），锯齿间隔1cm。

❺ 取雕刻刀，依牙签画线处直刀切入茄子中心，完全切毕即可拉开成两半。

❻ 以雕刻刀在每个锯齿中心切雕V形线条（深度0.5cm），如上图所示。

❼ 逐一由锯齿尖端处片开表皮（厚度0.3cm），将表皮外翻，将V形切口向内折，支撑定形。

❽ 茄肉沾桃红染料染色，即可排盘。另取小黄瓜切成圆形薄片，重叠排入盘中即可。

步骤5环绕切好锯齿后，若仍无法拔开，则必须在原来的刀痕处切深一点，即可顺利拔开。

操作步骤7时，片切表皮的厚薄须一致。

作品完成后，可将茄子底部斜切一刀，以方便排盘。

Part
1

Part
2

Part
3

Part
4

Part
5

Part
6

Part
7

Part
8

Part
9

南瓜飞鱼切雕法

使用工具：片刀、雕刻刀、圆槽刀、牙签、三秒胶

切雕类型：线条美感、立体黏接

❶ 准备南瓜1/3块，芋头厚片1片（取中段，厚1.5cm），红辣椒1条，大黄瓜半圆块1块，柳橙半圆块1块。

❷ 南瓜以片刀切1厚片（厚1cm）及2薄片（厚0.5cm），注意不可切到有籽处。

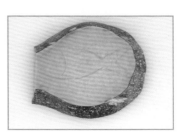

❸ 取南瓜厚片1片，以牙签画出鱼形。

Part
1

Part
2

Part
3

Part
4

Part
5

Part
6

Part
7

Part
8

Part
9

❹ 取南瓜薄片，以牙签画出翅膀形状。

❺ 分别以雕刻刀切雕出鱼身及翅膀的外形。

❻ 南瓜鱼身以雕刻刀将外缘修成漂亮的圆弧，再雕出鱼嘴。

❼ 南瓜翅膀以雕刻刀向外斜切出羽状。

❽ 南瓜皮以小圆槽刀挖取0.2cm高圆柱，以三秒胶黏在鱼眼位置。

❾ 将左右两片翅膀黏于鱼身。

❿ 芋头厚片切平，以牙签画出水浪线。

⓫ 以雕刻刀顺着画线切雕出水浪的外形。

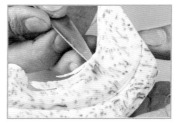

⓬ 以雕刻刀修整边缘直角，使边缘呈优美的圆弧状。

⓭ 以直刀、斜刀在芋头表面上雕出层次线条，再修整细节，使表面线条圆滑。

⓮ 水浪雕好后，黏上一块芋头做底座，使能站立。将做好的飞鱼黏在芋头上。

⓯ 以片刀切取大黄瓜表皮（厚0.5cm），以牙签画出小草，再切雕出小草状，黏于芋头底座即可。用大黄瓜片、柳橙片、红辣椒搭配排盘。

黏接翅膀前，先确认翅膀与鱼身的大小相称，避免太大或太小。

Part
1

Part
2

Part
3

Part
4

Part
5

Part
6

Part
7

Part
8

Part
9

青江菜花切雕法-1

使用工具：片刀、雕刻刀、三秒胶

切雕类型：圆弧切雕、等份划分

❶青江菜3棵（大棵），胡萝卜四方块1块。

❷青江菜洗净，以雕刻刀切取头部3cm（叶片部分备用）。

❸将每片叶梗切口一端左右斜45°削成圆弧形。

Part 1
Part 2
Part 3
Part 4
Part 5
Part 6
Part 7
Part 8
Part 9

❹挖除叶梗中心部分成凹槽。

❺取胡萝卜，以片刀直切0.1~0.2cm薄片数片。

❻胡萝卜薄片以片刀切成梳子状（1/3处不切断），切割数片。

❼将胡萝卜薄片卷起，以三秒胶黏接于青江菜凹槽处。

❽另取先前切割出的叶片，以叶片直条中心线为准，切雕出三叉叶子，即可搭配黄瓜、红辣椒圆片装饰排盘。

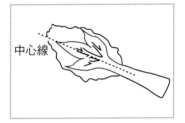

中心線

青江菜宜选购较大棵者（10~12片叶子），切雕后的作品层次感较佳。
胡萝卜切得愈薄，愈方便卷、黏成花蕊，黏好后花蕊若太长可以用剪刀剪短。

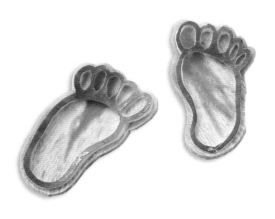

Part 1

Part 2

Part 3

Part 4

Part 5

Part 6

Part 7

Part 8

Part 9

青江菜花切雕法-2

使用工具：片刀、雕刻刀

切雕类型：圆弧切雕、整体搭配

Part 1
Part 2
Part 3
Part 4
Part 5
Part 6
Part 7
Part 8
Part 9

❶大棵的青江菜2棵，小黄瓜半条，胡萝卜1块，红辣椒1段。

❷以雕刻刀切取青江菜头部3cm（叶片备用），将每片叶梗切口左右斜45°削切成圆弧形。

❸青江菜头取其中一棵，对半直切为二。

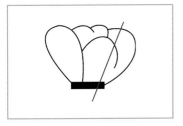

❹另取一棵青江菜头于1/3处斜切备用。

❺另取先前切出的叶片，将叶梗切雕成尖形叶片；切割黄瓜表皮作为花梗。雕好的梗、叶、花，组合排列于盘内。

❻以胡萝卜、小黄瓜、红辣椒片组合，装饰于盘内三边。

操作步骤2时，刀尖须向内，刀柄向上，将每片叶梗切成圆弧状。
操作步骤5时，叶片的大小与花梗的长度都必须与花朵的大小适配。

Part
1

Part
2

Part
3

Part
4

Part
5

Part
6

Part
7

Part
8

Part
9

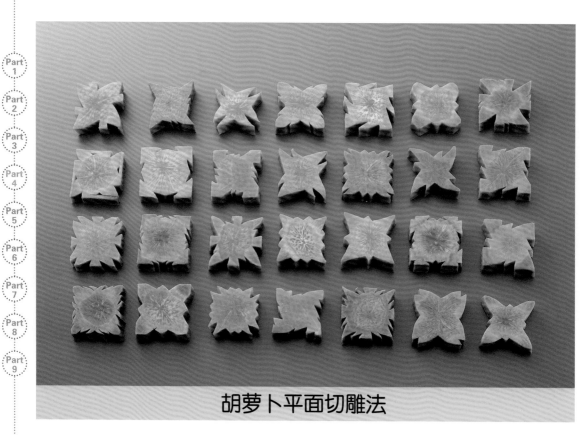

胡萝卜平面切雕法

使用工具：片刀、牙签

切雕类型：直斜刀变化、平衡切割

范例1

❶ 取色泽鲜艳胡萝卜一条，以片刀直刀切取中段2cm。以片刀切除外围圆弧面，成上下表面为正方形的柱体。

❷ 以牙签画出正方形中心十字基准线。

❸ 画好基准线后，由右侧边角下刀，以圆弧面切至中心线（深0.5cm）处，将萝卜旋转180°，以同方法再切一次，依序切好四个面。

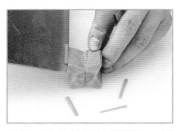

❹ 将四边尖角切出V形凹槽，即完成基本外形。

❺ 外形完成后，以片刀直切胡萝卜片，每片厚度0.3cm。

❻ 切片的胡萝卜，可烫熟作为盘内装饰，亦可在烹煮菜肴时作为配色。

范例2

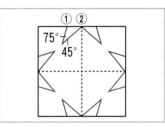

❶ 延续范例1的步骤2，完成基准线，在距离中心左侧0.5cm处，向左斜切第①刀（75°，深0.5cm），再于中心点向左斜切第②刀（45°），除去三角形部分。

❷ 旋转180°，依同方法切除另一边的三角形，再依序完成四个面，即完成基本外形。

❸ 外形完成后，以片刀直切胡萝卜片，每片厚度0.3cm。

❹ 胡萝卜切片，可烫熟作为排盘装饰，亦可在烹煮菜肴时作为配色。

胡萝卜平面切雕，可依上述方法延伸出不同的样式，请尽情发挥想象力，做出几种不同的创意变化。
胡萝卜应选择厚重、无空心者，切割出的作品才会好看。
下刀的深浅与斜度须小心掌握，前后、左右的刀痕都须对称，才能做出完美的作品。

Part 1
Part 2
Part 3
Part 4
Part 5
Part 6
Part 7
Part 8
Part 9

Part
1

Part
2

Part
3

Part
4

Part
5

Part
6

Part
7

Part
8

Part
9

小番茄兔子切雕法

使用工具：片刀、雕刻刀、牙签

切雕类型：等份划分、片皮、排列

❶ 大黄瓜半圆段1段, 胡萝卜圆形厚片1片, 红辣椒1条, 椭圆小番茄5粒。

❷ 小番茄分别以雕刻刀切除底部0.2cm, 使之可站立。

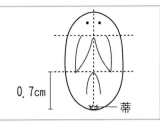

❸ 分别将小番茄以雕刻刀于蒂头前0.7cm, 以直刀 (深0.3cm) 雕出尖形兔尾。

❹ 再依同方法反方向切雕左右两尖形, 作为耳朵。

❺ 以雕刻刀将尾巴和耳朵由尖端向内侧片开表皮。

❻ 以手轻轻翻出耳朵和尾巴。

❼ 取大黄瓜, 以片刀由左端开始, 顺着圆弧片取0.3cm厚表皮。

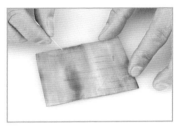

❽ 大黄瓜皮内面以牙签轻画出闪电形状。

❾ 顺着所画线条以雕刻刀切雕出闪电状。外皮向上, 即可搭配番茄兔、胡萝卜、红辣椒排盘。

宜选购椭圆形的小番茄, 圆形的较不适合。
兔子的耳朵片开后, 可塞入小番茄块, 让耳朵竖起。

Part
1

Part
2

Part
3

Part
4

Part
5

Part
6

Part
7

Part
8

Part
9

胡萝卜双天鹅心形切雕法

使用工具：片刀、雕刻刀、圆槽刀、牙签、三秒胶

切雕类型：线条切雕、均等切片

❶ 对半切开的大黄瓜半条，胡萝卜（头部）半条，红辣椒1条，小黄瓜半条，南瓜1片。

❷ 胡萝卜以片刀切除1cm宽圆弧块，使之可作为底座站立。

❸ 底部切好后切面朝下，先以片刀切除1cm宽圆弧块，再切厚1.2cm厚片。

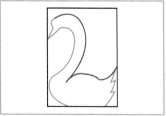

❹ 萝卜厚片上以牙签画出"2"字形，再画出天鹅的脖子、嘴巴和身体。

❺ 以中型圆槽刀，挖切鹅脖子处的圆形。

❻ 用均匀的力度，以雕刻刀切雕出天鹅的形状。

❼ 雕好的天鹅以片刀直切为2片备用。

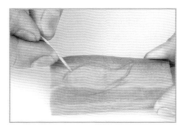

❽ 另切取厚1.5cm胡萝卜片，以牙签画出水滴形的鹅翅膀轮廓，以雕刻刀切出基本外形。

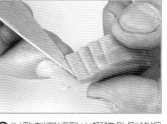

❾ 以雕刻刀切雕出翅膀外侧的锯齿形。

Part 1

Part 2

Part 3

Part 4

Part 5

Part 6

Part 7

Part 8

Part 9

❿ 以片刀将翅膀直切为4片。将翅膀以三秒胶黏于先前雕好的鹅身上，左右对齐，翅膀锯齿需朝上。

⓫ 取大黄瓜长条，以片刀由右而左，顺圆弧片取厚0.3cm表皮。

⓬ 以牙签于表皮内面轻画出云朵的形状，再以雕刻刀雕出备用。

⓭ 鹅眼睛的位置以牙签穿孔。两鹅相对黏紧，再黏于大黄瓜片上。

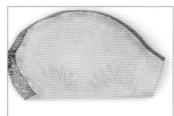

⓮ 南瓜片切除底边，以牙签画出锯齿状小草，以雕刻刀切雕出，即可黏接于大黄瓜片前后方，排入盘内，搭配小黄瓜、红辣椒切雕的叶片、红花作为盘边装饰。

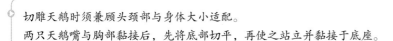

切雕天鹅时须兼顾头颈部与身体大小适配。
两只天鹅嘴与胸部黏接后，先将底部切平，再使之站立并黏接于底座。

Part
1

Part
2

Part
3

Part
4

Part
5

Part
6

Part
7

Part
8

Part
9

大黄瓜、胡萝卜花切雕法

使用工具：片刀、雕刻刀、尖槽刀、牙签
切雕类型：线条切雕、黏接成形

Part 1
Part 2
Part 3
Part 4
Part 5
Part 6
Part 7
Part 8
Part 9

❶ 大黄瓜1/4条对切，茄子半条，胡萝卜（尾端）半条，红辣椒2条。

❷ 萝卜以片刀切取长四方形长条（长7cm、宽1cm、高1cm）2条。

❸ 以片刀由胡萝卜长条中线向外切削，将其表面削成半圆形。

❹ 以小支尖形槽刀，交叉挖出网状条纹，每条间隔0.3cm。

❺ 切取红辣椒尾端1cm长，以三秒胶黏接于胡萝卜一端。

❻ 大黄瓜以片刀片切表皮，厚0.4cm，表皮内面以牙签画出叶片与一长一短花梗后，再以雕刻刀顺着线条切割。

❼ 翻面以雕刻刀于叶片中心以直刀、斜刀雕出叶脉，再以三秒胶与花黏接。

❽ 将黏接好的花朵排入盘内，底部配以茄子皮切雕成的闪电形，搭配大黄瓜片、红辣椒片装饰。

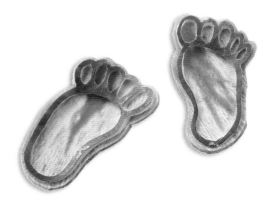

Part
1

Part
2

Part
3

Part
4

Part
5

Part
6

Part
7

Part
8

Part
9

大黄瓜椰子树切雕法

使用工具：片刀、雕刻刀、三秒胶
切雕类型：平衡切片、整体装饰

❶ 大黄瓜（切除头部）半条，茄子半条，南瓜头部圆形厚片1片，胡萝卜半圆块1块。

❷ 大黄瓜以片刀斜切出0.5cm厚薄片（5~6片）。

❸ 以雕刻刀切雕出大小不等的弯月形。

❹ 弯月形凹处朝外，以片刀将弯月形圆弧的一边切成梳子状。

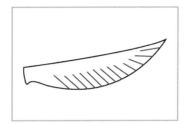

❺ 每刀间隔0.2cm，不要完全切断，方向如图所示。

❻ 茄子以片刀剖成2半圆形长条，取一条对切为2条，切除籽及海绵体部分，翻面以雕刻刀修成上细（1cm）下粗（1.5cm）的椰子树干形状。

❼ 树干的一边以雕刻刀左右斜刀，雕出深0.2cm、间隔0.5cm的条纹。

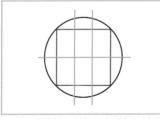

❽ 南瓜圆片以片刀切除四边圆弧，使成正方形，再分切为6等份。

❾ 取每个长方形块，以雕刻刀切雕成椭圆形，当作椰子。

❿ 将茄子树干排入盘内，再排黄瓜叶片（切口朝下），以三秒胶将椰子黏于叶片下，以半圆胡萝卜、大黄瓜薄片及大黄瓜皮切雕的小草装饰。

> 操作步骤4之前，黄瓜片若太厚，必须先将多余的瓜肉片除。
> 椰子树叶切好后，用手指顺着刀痕推出层次感，再排盘。

大黄瓜热带鱼切雕法

使用工具：片刀、雕刻刀、圆槽刀

切雕类型：平衡切片、整体美感

Part 1
Part 2
Part 3
Part 4
Part 5
Part 6
Part 7
Part 8
Part 9

❶ 大黄瓜1条，小黄瓜1条。

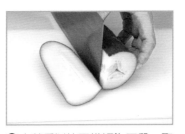

❷ 大黄瓜以片刀横切为二段，取头部一端，切取宽1.5cm（或直径1/4处）厚片。

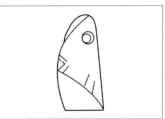

❸ 切下厚片以牙签画出鱼头线条。

❹ 以雕刻刀切雕出鱼头外形，以大小圆槽刀挖切眼睛，深0.3cm，再于侧边切取出眼珠旁多余部分。细修嘴巴及鳃部线条。

❺ 以片刀直刀切取大黄瓜长形厚片数片（厚度1cm，不可切到黄瓜有籽处）。

❻ 大黄瓜以片刀直切成厚0.1cm薄片。

❼ 将大黄瓜薄片排列整齐，每片重叠0.5cm。

❽ 将排列好的大黄瓜片以雕刻刀切出背鳍的形状，以同方法雕出腹鳍及分叉的尾鳍。

❾ 取小黄瓜5cm长段，以圆槽刀挖除中心籽，使呈中空管状（先从一边挖到中心，再翻转挖另一边），切成厚0.3cm圆圈。

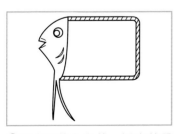

❿ 取盘子放入鱼头，以大黄瓜半圆薄片排出鱼身，排上已做好的鱼鳍、鱼尾，以小黄瓜半圆薄片绕排鱼身外缘，小黄瓜圆圈排于嘴上方当泡泡。

切割大黄瓜薄片时，应力求厚度均匀一致。
热带鱼排盘时须视盘子的大小及形状，调整鱼的大小。

Part
1

Part
2

Part
3

Part
4

Part
5

Part
6

Part
7

Part
8

Part
9

大黄瓜皮双飞燕切雕法

使用工具：片刀、雕刻刀、尖槽刀、牙签、三秒胶

切雕类型：平衡控刀、线条切雕

❶ 大黄瓜8cm长圆段1段，白萝卜6cm长半圆段1段，小番茄2粒。

❷ 大黄瓜以片刀直切为2半，由右至左顺圆弧片取厚0.5cm表皮，共2片。

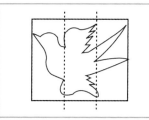
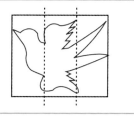

❸ 大黄瓜表皮内面以牙签画出飞燕形：分3等份，1等份为头，1等份为身体与翅膀，1等份为燕尾。

❹ 以雕刻刀于瓜皮内面切雕出燕子外形。

❺ 翻面，于燕子颈部轻刻出柳叶线条，深0.3cm，再于侧边切入，取出柳叶状表皮。

❻ 以大小圆槽刀挖切眼睛，深0.3cm，再于侧边切取出眼珠旁多余部分。共切雕不同朝向2只燕子。

❼ 白萝卜切除上方圆弧后，再斜切前后左右，成上窄下宽之梯形块。

❽ 白萝卜四侧边以尖形槽刀，分成3等份，切雕出阶梯状。

❾ 以大黄瓜表皮切雕小草，以三秒胶黏贴于白萝卜底座，排入盘内。以牙签插上先前雕刻好的双燕，并成高低错落状，再搭配去皮的大黄瓜半圆片及番茄圆片即成。

> 片切大黄瓜皮应力求厚度均匀一致。
> 在大黄瓜皮内面画燕子形状时，须注意两只燕子方向相反。

Part 1
Part 2
Part 3
Part 4
Part 5
Part 6
Part 7
Part 8
Part 9

Part
1

Part
2

Part
3

Part
4

Part
5

Part
6

Part
7

Part
8

Part
9

南瓜菊花切雕法

使用工具：片刀、雕刻刀、圆槽刀、三秒胶
切雕类型：圆弧切雕、黏接排盘

Part 1
Part 2
Part 3
Part 4
Part 5
Part 6
Part 7
Part 8
Part 9

❶ 南瓜头部2cm厚片1片，蒜苗中段8cm长3支，大黄瓜半圆块1块，胡萝卜尾部1段。

❷ 胡萝卜以片刀直切成0.6cm厚圆形片，共3片。

❸ 胡萝卜片以大支圆槽刀挖出中心部分作为花蕊。

❹ 将胡萝卜圆片表面细修成圆弧面。

❺ 以尖形槽刀于圆弧面上挖出网状交叉线条。

❻ 南瓜厚片以片刀切除圆弧边，再分别切出厚1.2cm及0.8cm厚片。

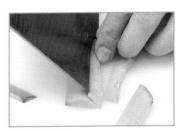

❼ 两南瓜厚片，分别以片刀由中线向左削，将表面修成圆弧面；翻转后，以同样方法处理背面。

❽ 大小南瓜片分别以片刀切成厚0.1cm薄片，即成花瓣（一端可切平，较好黏接）。

❾ 花蕊底部插上牙签（方便拿取），以三秒胶黏接大片花瓣于外围，再黏一圈小花瓣。

❿ 分别以三秒胶黏接其他朵花瓣，其中1朵花蕊斜切1/3后黏接。

⓫ 蒜苗以雕刻刀切雕出花梗及尖形叶子，以热水微烫至软化。外翻叶子后排入盘中，放上黏好的花朵。

⓬ 底部以大黄瓜皮雕的小草装饰。

71

Part
1

Part
2

Part
3

Part
4

Part
5

Part
6

Part
7

Part
8

Part
9

胡萝卜鲤鱼水景切雕法

使用工具：片刀、雕刻刀、圆槽刀、尖槽刀、牙签、三秒胶

切雕类型：切雕柔软线条、层次黏接

❶大黄瓜半条，胡萝卜1条，小黄瓜半条，南瓜中段圆片1片，红辣椒半条。

❷胡萝卜以片刀切除头部，切除一边的圆弧（厚1cm），再切取厚1cm厚片1片及0.3cm厚薄片1片。

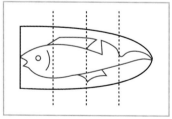

❸胡萝卜1cm厚片分成四等份，以牙签画出鱼形。

❹以雕刻刀小心切雕出鱼形，上下鳍不可切掉。

❺以雕刻刀在鱼身与鱼鳍交界处下切0.5cm，再横向切除鱼鳍表面，切出高低层次感。

❻将胡萝卜边缘直角处细修成圆弧，再雕出鱼鳃、鱼嘴线条。

❼以圆槽刀于鱼身切雕出半圆形鱼鳞片，第一刀斜45°，第二刀斜40°，切出立体感。

❽以尖形槽刀于鱼尾、鱼鳍部位，由外往内挖出线条。

❾以小圆槽刀在鱼眼处挖出小孔（不可挖穿）。

❿挖取南瓜表皮作为鱼眼珠，以三秒胶黏入鱼眼孔内。

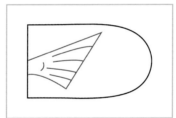

⓫切取胡萝卜厚0.3cm薄片，切雕出鱼鳍，大小须与鱼身适配，以尖糟刀挖出装饰线，完成后黏于鱼鳃旁。

⓬以片刀将南瓜片斜切成上薄（1cm）下厚（2cm）片，再以雕刻刀切除瓜内瓤，并将瓜内侧修整为圆形。

⓭将南瓜圆片底部切除0.5cm边，使之站立。大黄瓜以片刀切取厚1cm表皮，雕出波浪状水草。

⓮取雕刻刀，以直刀和斜刀切雕出水草的中心线条。

⓯分别将大黄瓜水草底部斜切，以三秒胶黏接于南瓜圆圈内，使呈不规则状，即可排入盘内。以牙签插上鱼，搭配小黄瓜、红辣椒圆片及胡萝卜椭圆片。

使用工具：片刀、雕刻刀、牙签、三秒胶
切雕类型：深浅控制、黏接装饰

胡萝卜双鸟映月切雕法

❶ 南瓜中间椭圆片1片、胡萝卜1条、小黄瓜半条、大黄瓜圆形块1块、红辣椒半条。

❷ 胡萝卜以片刀切除头部0.5cm，以直刀切取长5cm圆段。

❸ 胡萝卜圆段以片刀切成厚0.3cm薄片4片，及长5cm、宽3cm、厚1cm的厚片2片。

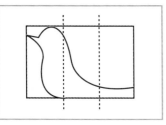

❹ 取2片胡萝卜厚片，以牙签画小鸟形状，1等份为头，1等份为身体，1等份为尾巴。

❺ 以雕刻刀小心切雕出小鸟形状，切雕出2只。

❻ 以雕刻刀切除头部、嘴巴左右部分，削尖嘴部。

Part 1
Part 2
Part 3
Part 4
Part 5
Part 6
Part 7
Part 8
Part 9

❼ 修除鸟身四边直角，使表面呈圆弧状。

❽ 用雕刻刀于小鸟尾端以直刀、斜刀切雕线条，先雕中心线，再于每等份切出两条线。

❾ 以雕刻刀于每条线尾端切出锯齿状。

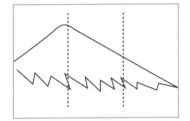

❿ 先前切割的胡萝卜薄片两两相叠，以牙签画出翅膀。

⓫ 以雕刻刀小心切雕出翅膀，共4片（大小与身体相配）。

⓬ 将切雕出的翅膀以三秒胶分别黏于鸟身左右，一只向上，一只向下。

⓭ 以剪刀剪下牙签的两头尖端，以黑色签字笔涂黑，插入眼睛处做眼睛。

⓮ 南瓜片切除头部做底，以片刀斜切成上薄(1.5cm)下厚(2.5cm)，再以牙签画出弯月形，以雕刻刀雕出。另外切好3条南瓜长方条备用。

⓯ 切除弯月形南瓜表皮（较硬，需小心片切）。

⓰ 以雕刻刀将边缘直角略加修整。将3条南瓜长条黏成底座，弯月形黏于底座上。双鸟黏于弯月形两端，再黏上小草。

⓱ 取胡萝卜，以片刀直切厚0.3cm薄片4片。

⓲ 以雕刻刀切雕椭圆形，于一边切出叉口，搭配小黄瓜、红辣椒圆片即可排盘。

Part 1
Part 2
Part 3
Part 4
Part 5
Part 6
Part 7
Part 8
Part 9

使用工具：片刀、雕刻刀、胶水、透明胶带

切雕类型：线条切割、黏接排列

芋头字体切雕法

❶ 剪取报纸、手写、电脑打印等的各种喜庆吉祥字，字体不限。

❷ 以刮皮刀刮除芋头表皮，片刀切除一侧圆弧面，再切取厚0.5cm薄片数片。

❸ 将剪下的带有字的纸张以胶水黏贴于芋头上。

❹ 用透明胶带将整片芋头黏贴在砧板上。

❺ 以雕刻刀顺着字的轮廓仔细切割。

❻ 将纸张撕下，剔除多余的芋肉。也可用不同颜色的食材，以三秒胶平行相黏后切雕。

第5章

西式排盘装饰

西式排盘风格简约、崇尚自然，盘饰食材大部分可直接食用。酱汁是西式料理中不可或缺的元素，酱汁彩绘因此成为西式盘饰的特色之一。

Part
1

Part
2

Part
3

Part
4

Part
5

Part
6

Part
7

Part
8

Part
9

大黄瓜叶片切雕法

使用工具：片刀、雕刻刀

切雕类型：等份划分、雕刻成形

❶ 对半切开的大黄瓜半条，胡萝卜（尾端）2段。

❷ 大黄瓜以片刀直切为2长条，横刀片除瓜籽。

❸ 用片刀将黄瓜两侧以直刀切成平行。

❹ 以片刀斜45°切菱形块，共切6块。

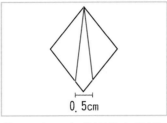

0.5cm

❺ 以雕刻刀在菱形块上轻切2刀，如图所示，深0.5cm。

❻ 切除线条左右两边的表皮，只留下中心部分表皮。

❼ 左右两边的黄瓜肉，以尖形槽刀由外往内斜挖条纹（外深内浅），使呈叶脉形。

❽ 取胡萝卜段，以片刀切除左右圆弧面。

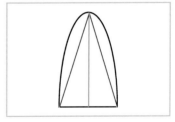

❾ 以片刀切成长三角形块，再从中心线切开呈尖三角形块。

❿ 切平底部使之大小相等，烫熟，两两交叉排盘。将大黄瓜菱形叶片，以3片为一组排列于盘内。

Part 1
Part 2
Part 3
Part 4
Part 5
Part 6
Part 7
Part 8
Part 9

苹果鸟切雕法

使用工具：片刀、雕刻刀、牙签

切雕类型：等份划分、串插、排盘

❶ 取新鲜、色泽漂亮的苹果、柳橙各1个。

❷ 苹果蒂头朝上，以片刀直切厚0.7cm圆片1片（底座），续切厚0.5cm薄片2片（鸟翅）、厚1cm厚片1片（鸟身）。

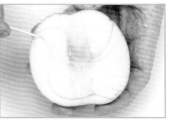

❸ 取厚1cm厚片，以牙签在表面画出小鸟身体线条。

❹以雕刻刀直刀切雕出小鸟外形。

❺取厚0.5cm薄片，以牙签画出翅膀形状，两片相叠，以雕刻刀直刀切雕出翅膀。

❻细修翅膀，尾端苹果皮部分不需切除。

❼雕刻好的翅膀以牙签串插于小鸟身上，再以牙签于眼睛处插洞，插入苹果梗作为眼睛。

❽以牙签将苹果鸟插于厚0.7cm圆弧形苹果表皮上。

❾柳橙以片刀直刀切除蒂头，厚0.5cm。

❿切面朝下，直刀一切为2半，取其中一半，再分切成4小瓣。

⓫每瓣柳橙表皮上，分别以雕刻刀切出V形，深0.5cm，如图所示。

⓬分别将每瓣柳橙片以片刀由尖处片开表皮，深0.3cm，留1cm不切断。

⓭翻开柳橙皮，以V形切开处顶住固定形状，即可和苹果鸟一起排入盘内。取柳橙中段切厚1cm厚片，再切成半圆片，排入小鸟左右侧。

荷兰豆藤切雕法

使用工具：片刀、雕刻刀、尖槽刀、牙签

切雕类型：线条切雕、整体排盘

❶ 直长条形茄子半条，大黄瓜半圆块1块，荷兰豆3个。

❷ 茄子以片刀切取条状表皮数条，每条宽1.5cm、厚0.3cm。

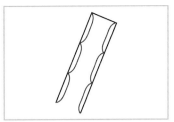
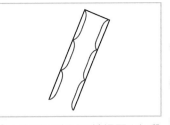
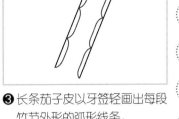

❸ 长条茄子皮以牙签轻画出每段竹节外形的弧形线条。

❹ 以雕刻刀切雕出竹节外形，左右须对称。

❺ 以雕刻刀切出每段竹节左右的分界线，只切表皮，不切断。

取大黄瓜一段，以片刀由右至左片取表皮，厚度0.3cm。

❼ 将黄瓜表皮直切为2长条。以牙签于内面，一片画出2片三叉形叶片，另一片画出卷曲的爬藤数条。

❽ 以雕刻刀切雕出叶片及爬藤。

❾ 以雕刻刀于叶片上，以直刀、斜刀切雕出叶脉线条，以尖槽刀雕出叶边缘锯齿。

❿ 将荷兰豆烫熟，过冷水。分别将雕好的茄子皮排入盘内呈交叉状，再放入叶片、爬藤及荷兰豆。

片取茄子表皮时，须力求厚度均匀一致。
步骤9中，以尖槽刀雕叶缘锯齿时，锯齿尖端须朝向叶尖。

Part
1

Part
2

Part
3

Part
4

Part
5

Part
6

Part
7

Part
8

Part
9

柠檬、柳橙碟切雕法

使用工具：片刀、雕刻刀、圆槽刀、挖球器、牙签

切雕类型：槽刀变化、碟形切雕

❶分别取对半切开的大黄瓜半条，番茄1个，柳橙1个，柠檬1个，小黄瓜半条。

❷取大黄瓜半圆条，以片刀直切厚0.1cm薄片，底部不切断。再以片刀横向切取大黄瓜片，排入盘内两侧。

❸柠檬以片刀切除头尾，厚0.5cm，以牙签于柠檬皮上画出横向中心线。

Part 1
Part 2
Part 3
Part 4
Part 5
Part 6
Part 7
Part 8
Part 9

❹以尖槽刀沿中心线环切出锯齿形，每刀需深至柠檬中心。

❺以双手轻轻拨开。若拨不开，依原刀痕再切割一次。

❻取其一，以雕刻刀于果肉与果皮之间，顺着外皮弧形，以50°斜切，深2cm。

❼以雕刻刀由内往外切除果肉，再反边由外往内完全切除果肉。

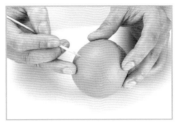

❽柳橙以牙签于表皮画出横向中心线。

❾以圆槽刀沿中心线环切出波浪形，每刀需深至柳橙中心，即可拨开。取其一，以雕刻刀切出果肉，方法如步骤6~7。

❿分别取柠檬及柳橙碟，以挖球器挖出果肉与果皮间的纤维，即可排入大黄瓜片旁，左右搭配番茄、小黄瓜半圆片装饰。

柠檬、柳橙碟放入圆形铝箔纸后，可放入各式酱汁蘸食。

Part
1

Part
2

Part
3

Part
4

Part
5

Part
6

Part
7

Part
8

Part
9

红洋葱圈切雕法

使用工具：片刀

切雕类型：厚薄均等、间隔排盘

❶ 取外形完整圆球形红洋葱1个，绿花椰菜1小朵。

❷ 以片刀直切洋葱尾端（头部不可切除），剥除表皮，再用片刀以推拉的方式直切圆片，厚度0.5cm。

❸ 方法一：取大小相同洋葱圈排于盘内，搭配小朵烫熟绿花椰菜。

方法二：每片洋葱片剥开，由大圈到小圈排列。

Part 1

Part 2

Part 3

Part 4

Part 5

Part 6

Part 7

Part 8

Part 9

使用工具：片刀、雕刻刀
切雕类型：粗细均等、颜色搭配

什锦蔬菜条切雕法

❶西洋芹菜1根，胡萝卜（尾端）1段，白萝卜长四方块1块，绿花椰菜3朵。

❷分别取西芹菜、胡萝卜、白萝卜，以片刀切割成长5cm、宽0.5cm正方形长条，各切6条。烫熟后过冷水。

❸另取绿花椰菜，以雕刻刀修成大小相等的3朵，将梗修成尖形，烫熟，过冷水。将步骤2切好的蔬菜条9条一组，颜色交错，排成2个长条形，再搭配以绿花椰菜。

排盘完成后，即可摆放主菜肉类，淋上酱汁食用。

Part 1
Part 2
Part 3
Part 4
Part 5
Part 6
Part 7
Part 8
Part 9

南瓜乳酪切雕法

使用工具：片刀、雕刻刀、圆槽刀

切雕类型：平衡切割、整体一致

❶ 取表皮绿白相间的南瓜1段，直长条小黄瓜半条。

❷ 南瓜以牙签划分中心线，每1等份再划分3等份，共6等份，以雕刻刀切成相同大小的6块。

❸ 以片刀切除内瓤。

❹ 以片刀将南瓜块切成长5cm、宽3cm长方块4块。

❺ 南瓜长方块以圆槽刀挖取2个洞，再于左右两边挖取2个半圆凹槽。

❻ 以片刀分别将南瓜块切成厚0.3cm薄片，共8片。

❼ 小黄瓜以片刀直切成2条半圆长条，每条再一切为二，成4长条。

❽ 将小黄瓜条瓜肉朝上，以片刀横切去籽。

❾ 将小黄瓜片排整齐，直刀横切2段，变为8长片。

❿ 每片黄瓜取中心线，以雕刻刀切雕左右圆弧，成大小相同的叶片，即可与南瓜分别烫熟，以放射状间隔排列盘中。

> 表皮绿白相间的南瓜，瓜肉较厚，适合雕刻；
> 表皮黄白相间的南瓜，瓜肉较薄，不适合雕刻。

Part 1
Part 2
Part 3
Part 4
Part 5
Part 6
Part 7
Part 8
Part 9

Part
1

Part
2

Part
3

Part
4

Part
5

Part
6

Part
7

Part
8

Part
9

柠檬圈番茄碟切雕法

使用工具：片刀、雕刻刀、挖球器

切雕类型：等份划分、颜色搭配

Part 1
Part 2
Part 3
Part 4
Part 5
Part 6
Part 7
Part 8
Part 9

❶ 柳橙1个,红番茄1个,柠檬1个,马铃薯半个,胡萝卜半圆块1块,小黄瓜1/3条,红辣椒(尾)1段。

❷ 柠檬以片刀切除圆弧边,再切割中心椭圆片2片,每片厚0.5cm。

❸ 以雕刻刀将内层柠檬肉顺着圆弧表皮切除。

❹ 番茄以雕刻刀切平头蒂,再以雕刻刀划分3等份,切除尾端1等份。

❺ 以雕刻刀于横切面切割锯齿状,锯齿间隔1cm。

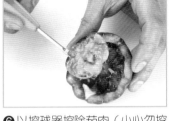

❻ 以挖球器挖除茄肉(小心勿挖破底部)。

❼ 柳橙以片刀切除蒂头,使之能平稳站立。

❽ 将柳橙切面朝砧板,以片刀切割为两半,取其一,再分切成4瓣。

❾ 取小瓣柳橙,尖形朝外,在橙皮上切割V形,深0.5cm。

❿ 以片刀于柳橙尖端处片开表皮,厚0.3cm,留1cm不切断。

⓫ 翻开柳橙皮,以手将V形部位内折固定形状,再以片刀斜切55°除去含籽的部分(使之能站立)。

⓬ 马铃薯去皮,切片蒸熟后压成泥,排于盘内,插上柠檬圆片(蒂头朝下),放入番茄碟及柳橙瓣,搭配小黄瓜、胡萝卜切成的菱形片及辣椒圆片。

Part
1

Part
2

Part
3

Part
4

Part
5

Part
6

Part
7

Part
8

Part
9

番茄皮花切雕法

使用工具：片刀、雕刻刀、尖槽刀

切雕类型：片切表皮、卷折成形

Part 1
Part 2
Part 3
Part 4
Part 5
Part 6
Part 7
Part 8
Part 9

❶红番茄1个，以雕刻刀于尾端黑点处起，由外往内，顺着圆弧片取宽1.2cm、厚0.2cm的带状表皮。

❷小心片取表皮至底部头蒂处，切时需注意宽度及厚度的稳定。

❸将切下的番茄皮内面以雕刻刀修去较厚的部分（方便卷花）。

❹用双手将番茄蒂端的表皮折成S形，作为花蕊。

❺顺着折好的S形，将番茄皮轻卷成圆圈状，勿卷太紧。

❻由头卷到尾端，平放即成一朵鲜艳的番茄花。

❼取大黄瓜半条，以片刀于表皮切割厚0.5cm、长6cm薄片，共切2片或3片。

❽以牙签在大黄瓜薄片上画出叶片形，叶尖需微弯才较美观。再以雕刻刀切雕出叶片。

❾叶片以牙签画出中心线，以雕刻刀直刀、斜刀切出两条中心叶脉，再切出左右叶脉（叶脉线条深0.2cm，只切掉绿色外皮）。

❿以小支尖槽刀切雕叶缘锯齿，锯齿需往叶尖方向一切雕出来的叶片才好看。

⓫大黄瓜叶片排入盘内，再放上卷好的番茄花，即可搭配菜肴作为装饰。

Part
1

Part
2

Part
3

Part
4

Part
5

Part
6

Part
7

Part
8

Part
9

使用工具：片刀、雕刻刀

切雕类型：锯齿片皮、卷折成形、线条切雕

番茄皮锯齿花切雕法

❶ 大红番茄1个，青椒半个，水梨半个，生菜叶1片。

❷ 以雕刻刀于红番茄尾端，由内往外顺圆弧片切宽1.2cm、厚0.2cm表皮，雕刻刀须一前一后推拉，以雕出锯齿状边缘。

❸ 从头带表皮处往内折入1cm，再折出0.5cm后，顺同一方向卷到尾端成花形。

❹ 青椒去籽，以牙签轻画3片叶子形，再以雕刻刀切雕出叶子。

❺ 画出叶子中心线，再直切、斜切出中心叶脉，深0.2cm，再切雕左右叶脉及叶边锯齿。

❻ 生菜叶排入盘边，放番茄片、番茄花、青椒叶排盘。水梨切成弓形薄片排于盘边装饰。

使用工具：片刀、雕刻刀
切雕类型：圆弧切雕、整体排盘

Part 1

Part 2

Part 3

Part 4

Part 5

Part 6

Part 7

Part 8

Part 9

橄榄形鲜菇蔬菜切雕法

❶ 马铃薯半个，胡萝卜1段，
鲜香菇1朵，大黄瓜半圆块1
块，玉米1段，甜豆3个。

❷ 鲜香菇菇帽上以雕刻刀刀背轻
画井字线，以直刀、斜刀雕出
深0.5cm条纹。

❸ 甜豆以手撕除头尾筋，再以雕
刻刀向内切割头尾，成双尖
形。

❹ 大黄瓜半圆块以雕刻刀切
为3等份后，切成三角形长
块。

❺ 三角形长块大黄瓜以雕刻刀
切除0.5cm厚瓜肉，再修成
橄榄形，可预留一侧表皮以
使之更美观。

❻ 马铃薯、胡萝卜以同样方法切雕
成橄榄形（亦可参照22页切雕橄
榄刀法），玉米直切为2个半圆
形，所有材料烫熟即可排盘。

Part
1

Part
2

Part
3

Part
4

Part
5

Part
6

Part
7

Part
8

Part
9

胡萝卜星形切雕法

使用工具：片刀、雕刻刀、牙签

切雕类型：斜度控制、平衡切割

❶ 胡萝卜2条，绿花椰菜数朵。

❷ 胡萝卜以片刀切除头部0.5cm，再切成3cm长圆段，共切4段，尾端不用。

❸ 将每段胡萝卜切割成厚3cm正方形块。

❹ 以牙签于正方形块切面上画出十字线（每个面都需划，共画6面）。

❺ 以雕刻刀在十字形线上，由内往外以45°斜切，深0.7cm，每面以同样方式切4刀，共24刀。

❻ 切完24刀后，即可将上下四角的部分切除。

❼ 以同样方法共切雕出4个星形。

❽ 绿花椰菜以雕刻刀切成相同大小的块，再将梗部修成尖形。分别将胡萝卜、绿花椰菜以热水烫熟，间隔排入盘内，放入肉类主菜，淋酱汁即成。

切割星形时，每一刀的下刀深度、斜度须一致。
切割星形时，建议一边切一边计数，每一面切4刀，共切24刀，如此可避免漏切。

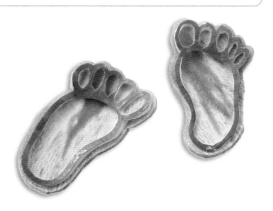

Part
1

Part
2

Part
3

Part
4

Part
5

Part
6

Part
7

Part
8

Part
9

芋头叶片切雕法-1

使用工具：片刀、雕刻刀

切雕类型：切片一致、线条美感

❶ 去皮芋头半个，红甜椒半个，马铃薯半个，柳橙半个，苜蓿芽少许。

❷ 去皮芋头以片刀切除一边厚0.5cm圆弧块，使之能站立，再切割一边厚1cm块后，切取厚0.3cm薄片数片。

❸ 取2片芋头片相叠，以牙签画出弯月形，再以雕刻刀切雕。

❹ 弯月形芋头片表面以牙签画出柳叶形，上下左右间隔0.5cm。

❺ 以牙签于芋头片画出柳叶形后，再以雕刻刀将其镂空。

❻ 将两片分开，撒上少许太白粉。起油锅，油温160°时，下锅炸1分半钟，捞出吸干油。芋头片可切雕出各种花样，应用于排盘装饰。

❼ 红甜椒切成叶形片，柳橙切成弓形片。

❽ 马铃薯切片蒸熟后压泥，放入盘内，插上炸好的芋头叶片及红甜椒叶片，放上苜蓿芽掩饰马铃薯泥，搭配柳橙片装饰。

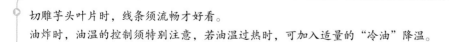

切雕芋头叶片时，线条须流畅才好看。
油炸时，油温的控制须特别注意，若油温过热时，可加入适量的"冷油"降温。

Part 1
Part 2
Part 3
Part 4
Part 5
Part 6
Part 7
Part 8
Part 9

使用工具：片刀、雕刻刀
切雕类型：等份划分、整体装饰

蘑菇蔬菜切雕法

❶ 青江菜2棵，蘑菇4朵，玉米笋2根，小黄瓜半条，胡萝卜（尾端）1段。

❷ 青江菜以手剥除叶片，剩4片，以雕刻刀切除外层叶子，再削尖叶梗。

❸ 切除菜心部位嫩叶，保留外层2片叶梗。切时须小心勿切到外层叶梗。

❹ 取1朵蘑菇，菇帽以牙签画十字线，再画成8等份。左右斜切出8等份线条，深0.3cm。

❺ 另取1片已烫熟的蘑菇菇帽，以片刀将菇帽的3/4切成梳子状，每刀间隔0.1~0.2cm。

❻ 分别将蘑菇、青江菜、玉米笋烫熟后排盘，搭配胡萝卜片与小黄瓜片装饰。

Part 1
Part 2
Part 3
Part 4
Part 5
Part 6
Part 7
Part 8
Part 9

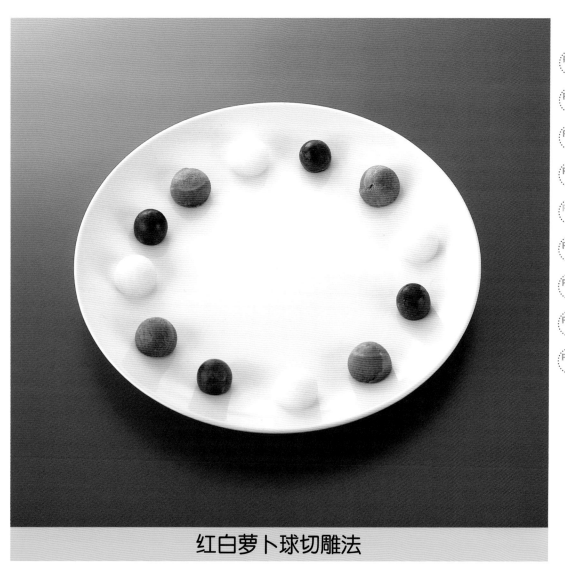

红白萝卜球切雕法

使用工具：片刀、挖球器（选择与葡萄的大小适配者）

切雕类型：圆球挖切

❶ 胡萝卜（头部）半条，白萝卜（头部）半条，紫色葡萄数颗。

❷ 白萝卜以直刀切为两半，再以挖球器挖出数个半球。操作时力度须一致，避免挖出的半球形大小不均。

❸ 以同样方法挖出数个胡萝卜半球，并和白萝卜半球一起烫熟。葡萄切除头部0.5cm，即可和萝卜半球一起排盘。

Part
1

Part
2

Part
3

Part
4

Part
5

Part
6

Part
7

Part
8

Part
9

马铃薯海芋切雕法

使用工具：片刀、雕刻刀、圆槽刀

切雕类型：弧形切雕、整体搭配

❶椭圆形马铃薯半个，蒜苗（中段）1段，胡萝卜（尾端）半块。

❷马铃薯以刮皮刀刮除表皮，切割成斜三角形块，以雕刻刀修尖头部。

❸以雕刻刀削除表面棱角，使之成圆弧表面。

Part 1
Part 2
Part 3
Part 4
Part 5
Part 6
Part 7
Part 8
Part 9

❹以中型圆槽刀由外往内，挖成凹槽状的花瓣。

❺以小支圆槽刀挖出花瓣外侧的边缘弧线。

❻以雕刻刀仔细整修出海芋花形状。

❼胡萝卜切割长方形厚片，厚度0.8cm，再切成尖形。

❽以雕刻刀将尖形胡萝卜片表面细修成圆弧状，以三秒胶黏在海芋的花蕊部位。

❾蒜苗切雕出叶片尖形，烫熟，即可和花朵一起排盘。

马铃薯海芋花切雕完成后，须以清水洗净表面淀粉再排盘。
蒜苗烫熟后过冷水，弯折成适当形状再排盘。

Part
1

Part
2

Part
3

Part
4

Part
5

Part
6

Part
7

Part
8

Part
9

酱汁杯切雕法

使用工具：片刀、雕刻刀、圆槽刀、牙签

切雕类型：立体切雕、排盘装饰

❶ 头尾粗细略均匀的胡萝卜（中段）1段，青芦笋2根。

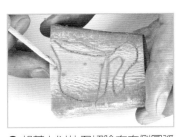

❷ 胡萝卜以片刀切除左右侧圆弧面，留中间段厚3.5cm，在切面上以牙签画出酱汁杯形状。

❸ 取雕刻刀，横刀切出厚0.5cm酱汁杯把手部分（上下层各切除1.5cm厚，留中间部分）。

❹ 以雕刻刀切雕出耳朵状的把手。

❺ 以雕刻刀雕刻出圆弧杯外形。

❻ 以圆槽刀挖除杯内部分，杯缘厚度留0.5cm，须小心勿挖穿底部。

❼ 以雕刻刀整修杯口，切除不规则处。

❽ 以圆槽刀挖出把手上下圆孔。

❾ 以雕刻刀切除把手多余部分，再细修表面成圆弧状。杯底略切成斜角，使之站立时呈前倾状。

❿ 青芦笋以雕刻刀切取头部6~7cm长，将梗部削成尖形，和胡萝卜条一起烫熟，即可和酱汁杯一起排入盘内，再淋入酱汁装饰。

各式彩绘酱汁的画法，详见107页。

Part 1

Part 2

Part 3

Part 4

Part 5

Part 6

Part 7

Part 8

Part 9

Part 1
Part 2
Part 3
Part 4
Part 5
Part 6
Part 7
Part 8
Part 9

使用工具：片刀、雕刻刀

切雕类型：平衡切片、对称切雕

芋头叶片切雕法-2

❶去皮芋头1个，马铃薯半个，柳橙1个，生菜叶1片，苜蓿芽少许。

❷去皮芋头以片刀切除一边厚0.5cm圆弧块，使之能站立，再切割一边厚1cm圆弧块后，切取厚0.3cm薄片两片。

❸2片芋头片相叠，以牙签画出尖形叶子，以雕刻刀切雕出叶子外形。

❹叶片形芋头片以牙签画出中心线后，画出左右对称柳叶形，每个间隔0.5cm。以雕刻刀小心雕成镂空柳叶形。

❺底部预留1.5cm不雕，将两片分开，撒上少许太白粉。起油锅，油温160°时下锅炸1分钟，呈金黄色捞出吸干油。

❻马铃薯切片蒸熟后压泥，放入盘内，插上炸好的芋头叶片，放上生菜叶和苜蓿芽掩饰马铃薯泥，搭配柳橙三角片装饰。

Part 1

Part 2

Part 3

Part 4

Part 5

Part 6

Part 7

Part 8

Part 9

彩绘酱汁

酱汁能令食物活化精致。在正式的餐宴中，主菜通常是肉或鱼组合佐以厨师们精心调制的美味酱汁。不论是主菜、沙拉或是甜点，酱汁都能使之风味更加圆融可口，所以它虽然是配角，却是西式料理中不可或缺的元素。

用酱汁绘制成美丽的图案，成为盘饰的一部分，达到赏心悦目的效果，能大大提升用餐者的食欲。

示范1

❶沙拉酱汁（或其他浓稠酱汁）装入塑料袋内，袋子一角以剪刀剪出一小孔。将酱汁挤于盘内一边，呈由大到小左右交叉的圆弧状。

❷于每个圆弧圈椭圆内，挤入不同颜色的酱汁，再以牙签略摊均匀。

❸分别在盘子两边以酱汁画出不同方向的图案，即可放入肉类或蔬菜沙拉等。

示范2

❶沙拉酱在盘内挤出6点，以牙签于酱汁内圈划，以调整出大小相同的圆点。

❷以塑料袋装入不同颜色的酱汁，挤在先前的6个圆点中心，再以牙签由第一个圆点中心，划至第6个圆点之外，使之呈一连串心形图案。

❸以同样方法再画出另一边一连串心形图案，即可放入肉类主食。

Part 1
Part 2
Part 3
Part 4
Part 5
Part 6
Part 7
Part 8
Part 9

作品欣赏

各式彩绘酱汁作品

以各种浓稠酱汁，于盘内画出不同样式的图案，可自由发挥创意，做出不同的花样变化。

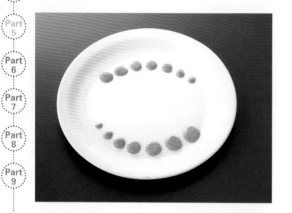

第6章

日式排盘装饰

各种方形餐具在日式料理中广泛运用，餐具的颜色与材质多种多样。樱树、桃树、柳树、竹子、枫叶等植物主题排盘装饰，都能呈现出典雅、富有诗意的日式风格。

Culinary Design, Plate Ornaments & Carving Arts

Part
1

Part
2

Part
3

Part
4

Part
5

Part
6

Part
7

Part
8

Part
9

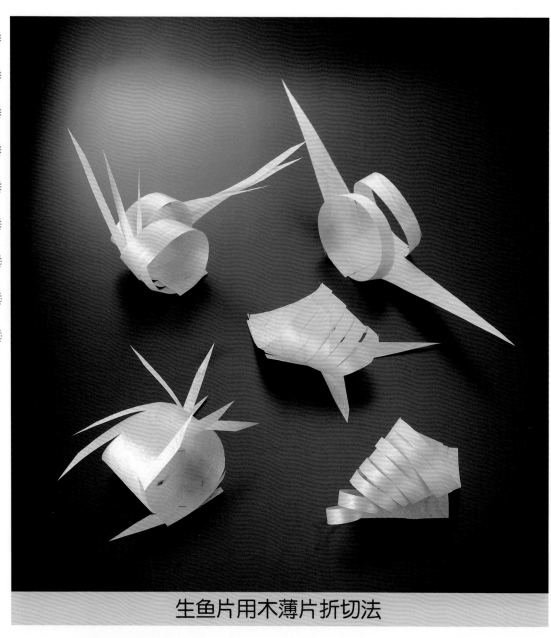

生鱼片用木薄片折切法

使用工具：雕刻刀、钉书机

切雕类型：等份线条、直斜变化

折切法1

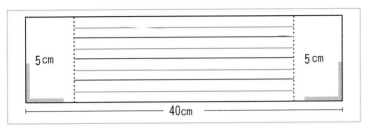

❶取40cm长木薄片1片，摊平于砧板上，先以长尺及铅笔于木片左右5cm处做记号，再将高度划分4等份。

❷以雕刻刀切割成4等份（红线）后，再切成8等份（蓝线）（左右5cm不切）。

❸以双手拿住左右两端，将步骤1中绿色记号处相叠，木片即成螺形。

❹用钉书钉将重叠处固定。

折切法2

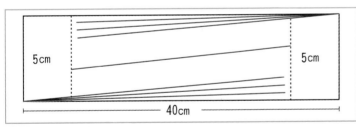

❶取40cm长木薄片1片，摊平于砧板上，先以长尺及铅笔于木片左右5cm处做记号，再依图画出斜线（红线）。

❷配合长尺，以雕刻刀切上下斜线后，再切中央斜线。

❸两端卷起，预留的5cm处重叠，以钉书钉左右固定。

❹取左边或右边的3长条，由外往内穿入，再由中央切口穿出。

切割木片所用的雕刻刀必须锋利，以免将木片撕拉破裂。

Part 1
Part 2
Part 3
Part 4
Part 5
Part 6
Part 7
Part 8
Part 9

Part
1

Part
2

Part
3

Part
4

Part
5

Part
6

Part
7

Part
8

Part
9

折切法3

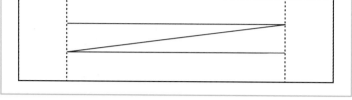

❶取40cm长木薄片1片，摊平于砧板上，先以长尺及铅笔于木片左右5cm处做记号，将高度分为3等份，中间等份画一条斜线，以雕刻刀切开。

❷将两端卷起，预留5cm处重叠，以钉书钉固定。

折切法4

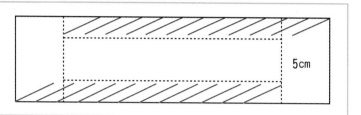

5cm

❶取40cm长木薄片1片，摊平于砧板上，先以长尺及铅笔于木片左右5cm处做记号，将高度分成3等份，上下两等份画斜线，每条间隔1.5cm。以雕刻刀切开。

❷将两端卷起，预留5cm处重叠，以钉书钉固定。

折切法5

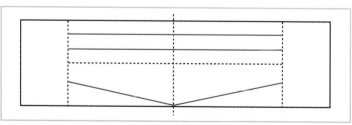

❶取40cm长木薄片1片，摊平于砧板上，先以长尺及铅笔于木片左右5cm处做记号，再将高度画成2等份，上面1等份分成3等份，下面1等份画斜线。

❷再依上图红线以雕刻刀切开。

❸将两端卷起，预留5cm处重叠，以钉书钉固定。

> 将各式薄木片制作完成后，可依菜肴进行装饰，或将炸制食物放入其中进行装饰。

Part 1
Part 2
Part 3
Part 4
Part 5
Part 6
Part 7
Part 8
Part 9

使用工具：片刀、雕刻刀、牙签
切雕类型：平衡控刀、线条切雕

大黄瓜皮枫叶切雕法

❶ 大黄瓜6~8cm长半圆块2块，小黄瓜半条，红辣椒半条。

❷ 大黄瓜半圆块以片刀顺着圆弧片取厚0.3cm表皮，共2片。黄瓜皮内面以牙签画出交叉中心线，一边画出枫叶叶脉及外形，另一边延伸出叶梗。

❸ 以雕刻刀切雕出枫叶外形。

❹ 翻面，以雕刻刀直刀、斜刀切雕出叶脉，深0.1~0.2cm。

❺ 另一叶片于黄瓜内面切雕出叶脉。

❻ 小黄瓜以片刀切片，直切至3/4，底部1/4不切断，以手进行扇形推开，按压定形。

Part 1
Part 2
Part 3
Part 4
Part 5
Part 6
Part 7
Part 8
Part 9

樱花树切雕法

使用工具：片刀、雕刻刀、牙签、三秒胶

切雕类型：线条美感、黏接装饰

❶ 大黄瓜（中段）长10cm1段，胡萝卜1条。

❷ 胡萝卜以片刀切除头蒂及一边圆弧侧面，平放后切厚1cm厚片数片。

❸ 分别设定大、中、小叶片的长度、宽度，以片刀切除胡萝卜厚片四边圆弧侧面以达预定大小，再将上下面切成圆弧面，成菱形状，再将一边切出V形凹槽。

❹ 以片刀分别切割出大、中、小花瓣，厚0.1~0.2cm。

❺ 大黄瓜圆段以片刀顺着圆弧片取大黄瓜皮，厚0.3cm。

❻ 黄瓜皮内面以牙签轻画出树枝及树叶外形。

❼ 以雕刻刀顺着线条小心切雕。

❽ 修整细部，表面朝上排入盘内一边。

❾ 胡萝卜花瓣以三秒胶黏贴在黄瓜皮树枝上，黏贴时以1片，或2片、3片相叠。

片取大黄瓜表皮时，可先将一边的圆弧面切平，以避免滚动。
三秒胶黏性强，使用时应尽可能小心。若不小心粘到手指，将手放入42~45℃的温水中浸泡数分钟，即可慢慢将胶去除。

Part 1
Part 2
Part 3
Part 4
Part 5
Part 6
Part 7
Part 8
Part 9

使用工具：片刀、雕刻刀、牙签
切雕类型：等份划分、整体搭配

韭菜花梗、花朵切雕法

❶ 韭菜花数条，对半切开的大黄瓜1段，小番茄4粒。

❷ 以雕刻刀分别于韭菜花梗部左右切出叉口，呈叶了状。烫熟，浸泡冷水，沥干备用。

❸ 取小番茄，以片刀直切为二，取每瓣再切为4等份。以雕刻刀切除小番茄瓣内籽部分，留下果皮与果肉。

❹ 以雕刻刀于番茄皮一边尖端处切割出V形。

❺ 大黄瓜以片刀片取0.2~0.3cm厚表皮，表皮内面以牙签画出小草外形。

❻ 顺着线条以雕刻刀切雕出小草，翻面备用。取先前韭菜花，视盘子大小切出适当长度，排入盘中，番茄皮夹入韭菜花的分叉处，再排上瓜皮小草装饰。

使用工具：片刀、雕刻刀、牙签
切雕类型：平衡控刀、线条切雕

大黄瓜皮竹节切雕法

❶ 取色泽翠绿饱满的直长条大黄瓜1条。

❷ 以片刀切除头尾各3cm。

❸ 将表皮略分为4等份，以片刀直切下每等份的表皮，每片厚0.5cm。

❹ 以牙签于每片表皮上画出竹子外形，以雕刻刀雕出竹子。

❺ 以雕刻刀雕出竹节左右的分界线，只雕表皮，勿切断。

❻ 每截竹节切雕装饰线条，竹节顺时针方向排成正四方形，可装入酥炸类菜肴。

Part 1
Part 2
Part 3
Part 4
Part 5
Part 6
Part 7
Part 8
Part 9

使用工具：片刀、雕刻刀、牙签
切雕类型：片皮、切雕一致

大黄瓜皮叶子切雕法

❶ 大黄瓜圆段2段，长4cm。

❷ 大黄瓜切面以牙签轻画出五等份星形线条。

❸ 以雕刻刀左右各斜55°，由两条线中心切割至等分线，瓜皮处深3cm。

❹ 以片刀顺着黄瓜外围片取厚0.2cm表皮。

❺ 将整排的锯齿状大黄瓜皮，以雕刻刀将每片逐一切断。

❻ 修整每片黄瓜皮，成大小相同的三角形叶片，即可排成太阳花状。

使用工具：片刀、雕刻刀、花形压模、牙签
切雕类型：厚薄一致、线条切雕

Part 1
Part 2
Part 3
Part 4
Part 5
Part 6
Part 7
Part 8
Part 9

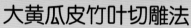

大黄瓜皮竹叶切雕法

❶ 切取大黄瓜表皮，厚0.5cm，以牙签画出3条主要叶脉，再画出竹叶形状，共画4片。

❷ 以雕刻刀依线条切雕出竹叶。

❸ 以雕刻刀直刀、斜刀，深度0.2cm，分别雕出每片叶子的叶脉。

❹ 取胡萝卜尾端一截，以片刀直刀切成厚0.5cm薄片4片。

❺ 胡萝卜片分别以樱花形压模压切出小花片。

❻ 雕刻刀于每个花瓣中间，以直刀、斜刀切出花瓣的层次，两花瓣交界处深0.3cm。

Part 1
Part 2
Part 3
Part 4
Part 5
Part 6
Part 7
Part 8
Part 9

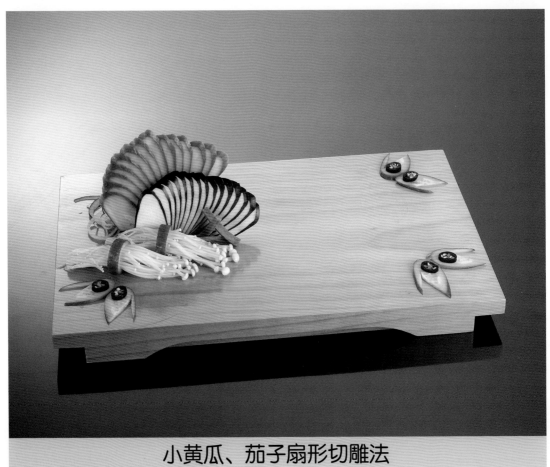

小黄瓜、茄子扇形切雕法

使用工具：片刀、雕刻刀、圆槽刀

切雕类型：均等斜切、站立排盘

❶茄子（头部）1长段，直条小黄瓜1条，金针菇1把，红洋葱半粒，胡萝卜1小块，红辣椒半条。

❷红洋葱以片刀直切为2个半圆形，再横切宽0.2cm圆弧细丝备用。红辣椒切成圆片备用。

❸小黄瓜切除头部1cm，再切取厚0.5cm的圆形片2片，每片以圆槽刀挖除瓜肉，成圆圈状。

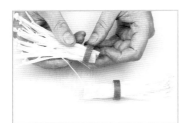

❹金针菇切除根部，洗净，套入小黄瓜圈中，氽烫后过冷水备用。

❺小黄瓜以片刀45°斜切厚0.3cm薄片数片。

❻小黄瓜薄片以雕刻刀切出∠形，如图所示。

❼取剩下的小黄瓜，以片刀切除一侧1/4。

❽平放小黄瓜，用片刀或雕刻刀以斜30°斜切厚0.2cm薄片（长度4~5cm）。

❾小黄瓜薄片以手推开呈扇形，每片间隔0.5cm，再切平底部使之能站立。

❿茄子以片刀切除一侧1/4后平放，以雕刻刀或片刀斜切厚0.2cm薄片（长度4~5cm），再切平底部，使之能站立。

⓫胡萝卜切成长方形片，左右端各预留0.5cm，以雕刻刀切出N形，将左右直条反扣。依完成图排盘即成。

Part 1

Part 2

Part 3

Part 4

Part 5

Part 6

Part 7

Part 8

Part 9

鱼板叠式叶片切雕法

使用工具：片刀、雕刻刀、牙签

切雕类型：均等切片、层次相叠

❶ 小黄瓜2条,小金橘4粒,日式鱼板1块。

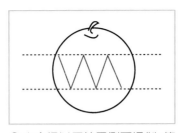

❷ 小金橘以牙签于侧面轻划3等份,以雕刻刀于中间等份斜切锯齿状,锯齿间隔0.5cm,需深切至中心。

❸ 将小金橘上下两部分完全分开。

Part 1
Part 2
Part 3
Part 4
Part 5
Part 6
Part 7
Part 8
Part 9

❹ 小黄瓜以片刀直切为2长条,以片刀斜45°,切厚0.1cm、长4cm薄片。

❺ 小黄瓜薄片先取2片拼成橄榄形,排于砧板上当中心,再左右交叉、方向相反层层叠起。

❻ 将叠好的小黄瓜薄片,以片刀修整成尖叶形备用。

❼ 另取日式鱼板,以片刀直切厚0.2cm薄片。

❽ 切割薄片鱼板,以片刀于中线横切,取下薄片。

❾ 以片刀将黏于木板上的剩下部分横切取下薄片。

❿ 排入一片鱼板当中心,再将鱼板切面朝上,左右交叉叠起。

⓫ 以手轻按鱼板,使黏贴更紧,再以片刀切成尖叶形,以刀铲起排入盘内对角。

操作步骤5时,小黄瓜片有表皮的一边须朝上,排列出条纹的美感。排列好的小黄瓜片与鱼板,需以手指轻轻按压,使黏贴更紧。

鱼板菊花切雕法

使用工具：片刀、雕刻刀、牙签

切雕类型：厚薄一致、卷折成形

Part 1
Part 2
Part 3
Part 4
Part 5
Part 6
Part 7
Part 8
Part 9

❶ 日式鱼板1块，青椒半粒，茄子（头部）1长段，黄秋葵2条。

❷ 鱼板以片刀切除黏贴的木块，平放，以片刀顺着圆弧表面，切除表面波浪状部分后，片取厚0.2~0.3cm薄片2片。

❸ 将鱼板薄片对折，以雕刻刀于折边切出梳子状，一端留1cm不切。

❹ 将梳子状鱼板末切断的一边卷起，卷好一片后，再将第二片卷在外层，呈菊花状。

❺ 以牙签串插其底部固定，再将黏贴的鱼板拨开备用。

❻ 青椒去除内膜，以牙签画出双叶形，再以雕刻刀直刀切出叶子外形。

❼ 以雕刻刀直刀、斜刀切出叶脉形状。

❽ 叶子外缘切出少许锯齿，即可和切好的茄子、黄秋葵圆片一起排盘。

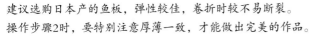

建议选购日本产的鱼板，弹性较佳，卷折时较不易断裂。

操作步骤2时，要特别注意厚薄一致，才能做出完美的作品。

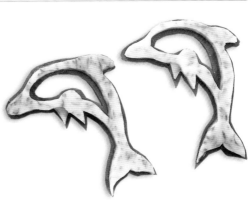

Part
1

Part
2

Part
3

Part
4

Part
5

Part
6

Part
7

Part
8

Part
9

胡萝卜桃子切雕法

使用工具：片刀、雕刻刀、圆槽刀、牙签

切雕类型：圆弧切雕、排盘装饰

Part
1

Part
2

Part
3

Part
4

Part
5

Part
6

Part
7

Part
8

Part
9

❶ 对半切开的大黄瓜1段，胡萝卜厚1.5cm片1片，开叉的荔枝树枝1支。

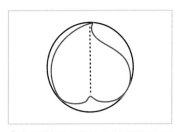

❷ 以牙签在胡萝卜厚片切面上画出中心线，再画出桃子形状。

❸ 以圆槽刀挖出桃子尖端的弯曲线条。

❹ 以雕刻刀顺着线条切雕出桃子形状。

❺ 以雕刻刀修除桃子表面直角，使表面呈圆弧形。

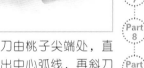

❻ 以雕刻刀由桃子尖端处，直刀切割出中心弧线，再斜刀切出凹槽。

❼ 大黄瓜以片刀片取厚0.3cm表皮。

❽ 黄瓜皮翻至内面，将太厚的瓜肉片除。

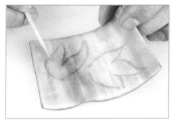

❾ 表皮面以牙签轻画出叶片形状。

❿ 以雕刻刀切雕出叶片。

⓫ 以雕刻刀直刀、斜刀雕出叶脉，叶片即可和荔枝树枝、桃子一起排盘。

> 荔枝树枝要选择有分叉的，树枝长短可视盘子的大小修剪。
> 切雕好的桃子，可用湿的砂纸磨除刀痕，使其表面更加光滑。

Part
1

Part
2

Part
3

Part
4

Part
5

Part
6

Part
7

Part
8

Part
9

大黄瓜圆桶座切雕法

使用工具：片刀、雕刻刀、圆槽刀
切雕类型：深浅挖切、整体美观

❶ 大黄瓜长8cm圆段1段，红辣椒1条，韭菜花1小把。

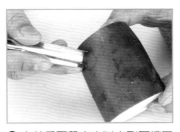

❷ 大黄瓜圆段表皮以中型圆槽刀于挖切圆孔，深0.5cm。

❸ 以雕刻刀将圆孔由内往外顺圆弧挖出瓜皮。

❹ 以大支圆槽刀挖取瓜肉，至底部留1cm不挖穿。

❺ 将大黄瓜内部不规则处修平，呈圆桶状。

❻ 红辣椒以雕刻刀直切去头部一段长5cm。

❼ 红辣椒上下各预留1cm，中段以雕刻刀切雕出长尖形锯齿，锯齿间隔0.5cm，深切到椒肉。

❽ 红辣椒以雕刻刀轻切断内膜黏接处。

❾ 将红辣椒两端拨开呈锯齿花。

❿ 以雕刻刀切断红辣椒内膜及籽，泡入清水，使花瓣往外张开。韭菜花修整为长短不同的，黄瓜桶排入盘内一边，插上韭菜花，搭配红辣椒锯齿花。

> 操作步骤4时须特别小心，避免将底部切破。
> 韭菜花勿烫熟，应浸泡冷水使其更加硬挺，再插入桶中。

Part 1
Part 2
Part 3
Part 4
Part 5
Part 6
Part 7
Part 8
Part 9

129

Part 1
Part 2
Part 3
Part 4
Part 5
Part 6
Part 7
Part 8
Part 9

胡萝卜花切雕法

使用工具：片刀、雕刻刀、挖球器

切雕类型：均等划分、线条切雕

❶ 胡萝卜（尾端）1段，小黄瓜半条，大黄瓜半圆块1块，开叉荔枝树枝一支。

❷ 胡萝卜以牙签于尾端取中心点，划分3等份，以片刀由表皮往内斜55°，切出三角锥状。

❸ 以雕刻刀顺着三角锥状三切面小心地切雕厚0.1cm薄片，留中心部分0.5cm不切断。

❹ 以雕刻刀于中心轻划一刀，轻轻取下薄片。

❺ 以雕刻刀将三边切雕成圆尖形花瓣，最后将其底部切平。

❻ 小黄瓜以小挖球器挖取半圆球作为花蕊。

❼ 小黄瓜半圆球表皮以雕刻刀直刀、斜刀雕出交叉直线数条，呈网状。

❽ 以片刀取大黄瓜厚0.3cm表皮，以雕刻刀切雕出大小叶片。将开叉树枝排入盘内，放入胡萝卜花于树枝开叉处，再搭配大黄瓜皮叶片。

步骤3切割花瓣时，须切成外薄内厚的形状，避免切断其中一片。

Part 1
Part 2
Part 3
Part 4
Part 5
Part 6
Part 7
Part 8
Part 9

Part 1
Part 2
Part 3
Part 4
Part 5
Part 6
Part 7
Part 8
Part 9

使用工具：片刀
切雕类型：整体排盘

韭菜花网状排法

❶ 粗细均匀新鲜翠绿的韭菜花1把，直红辣椒1条。

❷ 锅中烧开水，将整把韭菜花烫熟，捞出，快速放入冰矿泉水中冷却，再将头部整理对齐。

❸ 韭菜花依盘子尺寸取适当长度，尾端以片刀直刀切齐。

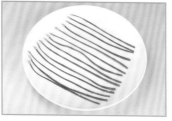

❹ 韭菜花以纸巾吸干水分，排于盘内，每条间隔1.5cm。

❺ 以相等间距，垂直方向再排一层，使其成网状。红辣椒圆薄片排在一边。

使用工具：片刀、圆槽刀
切雕类型：等份划分、整体排盘

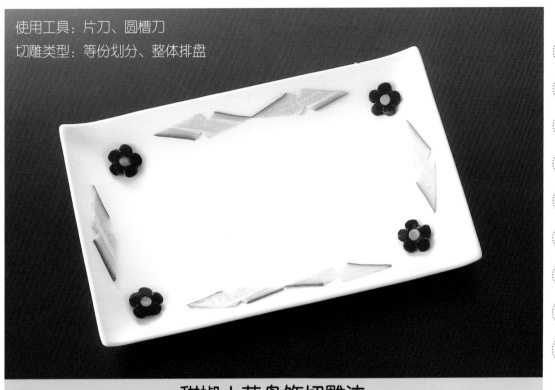

Part 1
Part 2
Part 3
Part 4
Part 5
Part 6
Part 7
Part 8
Part 9

甜椒小花盘饰切雕法

❶ 色泽鲜艳亮丽的红甜椒1个，小黄瓜半条，胡萝卜圆块1块。

❷ 红甜椒以片刀直刀切取1/3，去除内膜。于表面取一基点为花蕊，画出5等份线条，以中型圆槽刀于花蕊部位切出圆孔。

❸ 于圆孔外围切雕出5片花瓣，共雕出4朵花。

❹ 胡萝卜切片，厚度同甜椒，以同样尺寸的圆槽刀切下圆形片，并嵌入甜椒花朵中空位置。搭配小黄瓜菱形片排盘。

> 红甜椒须选表皮平面面积大、外形无歪斜的，切雕出的作品才较佳。

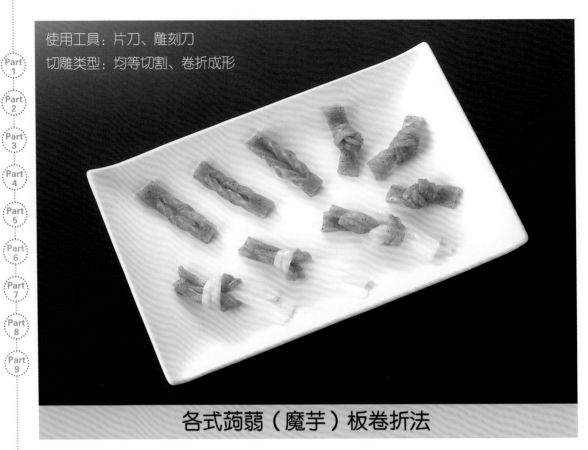

使用工具：片刀、雕刻刀
切雕类型：均等切割、卷折成形

各式蒟蒻（魔芋）板卷折法

卷折法1

❶ 于传统市场或超市购买蒟蒻板，墨鱼色及白色的各1块。

❷ 取墨鱼色蒟蒻板，以片刀横切厚0.5cm薄片数片。

❸ 每片蒟蒻片以雕刻刀于中间直切一刀，两端各留0.5cm不切。

❹ 分别以手打开切口处，取一端插入切口再外翻，即成麻花状。

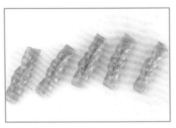

❺ 完成的麻花状蒟蒻，可凉拌，或和其他菜肴一起烹煮。

卷 折法2

❶ 取墨鱼色蒟蒻板，以片刀直切厚0.3cm薄片数片。

❷ 蒟蒻片中间直切为3等份，两端各留1cm不切。

❸ 以手分别将每片蒟蒻片打成结。

❹ 打结后的蒟蒻，可用来做凉拌沙拉或炒鸡丁。

Part 1
Part 2
Part 3
Part 4
Part 5
Part 6
Part 7
Part 8
Part 9

卷 折法3

❶ 分别取墨鱼色及白色蒟蒻板，以片刀直切厚0.2cm薄片。

❷ 蒟蒻片以雕刻刀直刀切为两半，一端留1cm不切。

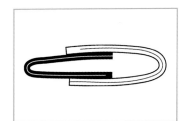

❸ 将切好的蒟蒻条以不同颜色的两条为一组，折成U形，开口处相对。

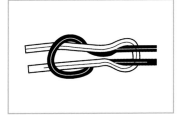

❹ 如图所示，将两条蒟蒻条衔接并上下打结。

❺ 以上3种蒟蒻板打结样式供参考，可依各种菜肴自行变化。

Part 1
Part 2
Part 3
Part 4
Part 5
Part 6
Part 7
Part 8
Part 9

使用工具：片刀、雕刻刀、圆槽刀、牙签
切雕类型：片切表皮、控刀柔软

大黄瓜皮柳叶切雕法

❶ 大黄瓜中段以片刀片取厚0.3cm表皮，表皮里面以牙签画出弯曲的柳叶中心梗，再画出叶片。

❷ 以雕刻刀顺着柳叶外形切雕，切时应避免切断中心梗。

❸ 胡萝卜尾部切除尖端，再切除上下左右表皮，呈梯形（上底宽1cm、下底宽2.5cm、高3cm）状。

❹ 梯形状胡萝卜下部，以大型圆槽刀挖除半圆形块，以雕刻刀修成弓形状。

❺ 以雕刻刀将上部切成飞标状。

❻ 胡萝卜块以片刀切成厚0.3cm薄片数片，每片以雕刻刀顺着外缘镂空，即可排盘。

第7章

瓜果盅切雕

切雕瓜果盅需要多种的工具配合，利用瓜果外形圆润、表皮挺实的特性，切雕出各种中空的造型。作品具有实用性，可以当作盛装菜肴、水果或酱汁的容器来使用。

使用工具：片刀、雕刻刀、圆槽刀、尖槽刀、挖球器、三秒胶
切雕类型：等份划分、线条切雕

Part 1
Part 2
Part 3
Part 4
Part 5
Part 6
Part 7
Part 8
Part 9

大黄瓜竹节盅

🎋 竹节盅1

❶ 取新鲜翠绿直长条的大黄瓜1条，以片刀切除头部3cm，再切取8cm长段2段。

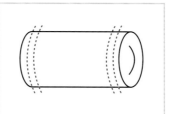

❷ 以V形槽刀在大黄瓜长段头、尾两边的瓜皮上，各挖切2圈细线，每条线间隔0.3cm，深0.3 cm。

❸ 以雕刻刀将外皮两线条之间的部位切雕成弧形凹面，最深处深0.5cm。

❹ 以雕刻刀在一端直刀切割瓜皮内0.5cm处的瓜肉，深5~6cm。

❺以挖球器挖除瓜肉，使之呈竹节盅形，需小心勿挖破盅底。

❻雕刻刀斜40°，修整盅口的形状。

❼切雕好的竹节盅，以矿泉水洗净，可放入什锦蔬菜条生食，或放入炒好的虾松、牛肉松等。

竹节盅2

❶取新鲜翠绿直长条的大黄瓜1条，以片刀切除头尾各3cm。

❷黄瓜全长划分为3等份，以2支牙签做记号，以V形槽刀在头、尾两边的瓜皮上，各挖出2圈细线，每条线间隔0.2cm，深0.2cm。

❸在牙签标记处，以V形槽刀分别挖出3圈细线，每条线间隔0.2cm。

❹分别将3段黄瓜竹节的表面以雕刻刀切成弧形凹面，最深处0.5cm。切下的瓜皮留下备用。

❺以雕刻刀在头、尾两端，直刀切割瓜皮内0.5cm处，深度0.5cm。

❻以雕刻刀由内往外修整头、尾端的切面。

Part
1

Part
2

Part
3

Part
4

Part
5

Part
6

Part
7

Part
8

Part
9

❼ 以牙签于竹节中段，画出椭圆形盖线条，以雕刻刀切开盖子。

❽ 盖子部分以圆槽刀挖除籽，保留1cm厚的瓜肉。

❾ 用雕刻刀顺着已切除的椭圆形，往内1cm处直切一圈，深2cm。

❿ 以挖球器挖除椭圆形区域的瓜肉及瓜籽，成凹槽状，操作时需小心勿挖穿底部。

⓫ 以清水洗净，再以雕刻刀修整内面不规则处。

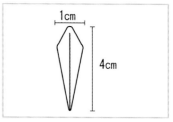

⓬ 取步骤4切雕下来的黄瓜皮，以雕刻刀雕出6片尖长形竹叶。

⓭ 每片竹叶取中心线，以直刀、斜刀切出中心叶脉线条。

⓮ 每片竹叶翻至背面，将较宽的一头以斜刀微微切薄。

⓯ 竹叶3片一组，以三秒胶黏接，再黏于竹节盅上适当位置。

⓰ 此竹节盅较少放入菜肴，一般只作为装饰用。

使用工具：片刀、雕刻刀、圆槽刀、尖槽刀、大汤匙、三秒胶
切雕类型：等份划分、平稳控刀

南瓜盅与南瓜盘

南瓜盘1

❶ 取新鲜亮丽椭圆形南瓜1个，以片刀于蒂头旁直刀切成两半。

❷ 取有蒂一半，以片刀将切口的另一边平行切除厚0.5cm的块，使之成为盅底，易于平稳摆放。

❸ 南瓜切面以牙签画出十字线分成4等份后，再平分每等份，成为8等份。

❹ 以雕刻刀将每一等份切出深1.5cm的V形，成为8个尖形锯齿。

❺ 雕刻刀于瓜肉与籽的交界处（视瓜肉厚薄）以斜55°，顺着弧形切割，深3cm。

❻ 用大汤匙顺着刀痕将籽完全挖除，成为凹槽状。

Part 1
Part 2
Part 3
Part 4
Part 5
Part 6
Part 7
Part 8
Part 9

Part
1

Part
2

Part
3

Part
4

Part
5

Part
6

Part
7

Part
8

Part
9

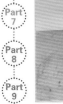

❼ 取先前切除的瓜块，以牙签画出相连的两片叶子，再以雕刻刀顺着线条切雕叶子。

❽ 雕刻刀以直刀、斜刀切雕中心线及左右叶脉（勿太深，避免穿透叶子），再以尖形槽刀切雕叶缘锯齿。

❾ 将南瓜盘近蒂头处边缘切一细缝，将叶子黏接于缝隙即可。可将南瓜蒸熟，装入酱爆鸡丁或彩椒肉片等菜肴。

南瓜盘2

❶ 取新鲜亮丽椭圆形南瓜1个，以片刀于蒂头旁直刀切成两半。取无蒂头的一边，切除底部厚0.5cm的块，使之能站立。

❷ 南瓜切面以牙签画出十字线，分成4等份，每等份再分成4等份，共分成16等份。

❸ 将画线处直切，深1.5cm，再45°斜切，切出16个∠形锯齿。

❹ 雕刻刀以斜50°，顺着瓜肉与瓜籽的分界处切割，深3cm。

❺ 用大汤匙顺着刀痕将南瓜籽挖除干净。可将南瓜蒸熟，装入彩椒炒牛柳、糖醋里脊等菜肴。

南瓜盅

❶ 取完整的南瓜1个，上下方向分3等份，以牙签环绕瓜身画出上方1/3的分界线。

❷ 以大圆形槽刀，环绕分界线横切，要切至中心。

❸ 拔开上盖。以片刀切除底部厚0.5cm的块，使之能站立。

❹ 以雕刻刀在南瓜盅瓜肉与瓜籽分界处直切一圈，深4cm。

❺ 以大汤匙顺着刀痕将瓜籽部分完全挖除，盖子部分以同样方式去除瓜籽。

❻ 盅内放入粉蒸肉、粉蒸排骨，盖上盖子入锅蒸熟，食用时可挖取瓜肉一起食用。

❼ 步骤2中若使用大尖形槽刀，可依同样方法切雕出不同造型的南瓜盅。

> 切南瓜盅时，也可以利用挖球器代替雕刻刀和大汤匙，将瓜籽慢慢挖除。
> 南瓜盅放入蒸笼蒸时，南瓜外围需以铝箔纸由底部往上包住，避免南瓜蒸熟后，瓜皮破裂。
> 南瓜盅蒸一段时间后，可以用筷子插试，若是很容易插入瓜肉，表示完全熟了。

Part 1
Part 2
Part 3
Part 4
Part 5
Part 6
Part 7
Part 8
Part 9

使用工具：片刀、雕刻刀、牙签、三秒胶
切雕类型：盅形变化、切割果肉

柳橙盅与柳橙篮

柳橙篮1

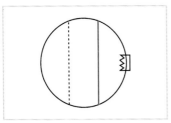

❶ 取色泽鲜艳、无斑点柳橙1个，如图蒂头朝右，划分成3等份。

❷ 以片刀于靠近蒂头1等份处切开后，再切取厚0.5cm薄片1片。

❸ 取柳橙切面的中心线，中心线两端以牙签做记号，以片刀左右横切0.5cm厚，中心线处留1cm不切。

❹ 雕刻刀于橙肉与橙皮的边界处，斜55°切割一圈，深2cm。

❺ 雕刻刀顺着刀痕以斜45°由内往外切除橙肉。

❻ 取先前切下的厚0.5cm圆片，以雕刻刀顺着橙肉与橙皮的边界处，切除橙肉，留下表皮。

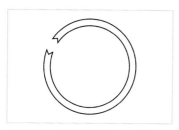

❼ 将表皮切断成条状，两端切出 V形叉口。

❽ 轻轻拉起两侧边缘的柳橙皮，以条状柳橙皮绑住，需绑紧，但小心勿拉断。

Part 1

Part 2
Part 3
Part 4
Part 5
Part 6
Part 7
Part 8
Part 9

❾ 柳橙篮切雕好后，可放入欧芹、生菜叶、红辣椒花作为排盘装饰。

柳橙篮2

❶ 取1个柳橙，在蒂头处画出纵向中心线，再画出横向中心线。片刀于纵向中心线左右各0.5cm处，直刀切至横向中心线，再由横向中心线横刀切除左右两块柳橙瓣。

❷ 雕刻刀顺着圆弧将提把处外皮和橙肉切开。

❸ 以横刀切除提把内橙肉，需小心，勿切断提把。

❹ 雕刻刀于提篮内侧表皮与橙肉交界处，斜55°环切一圈，深2.5cm。由内往外切除篮内侧橙肉。

❺ 两侧篮边以牙签分别划成4等份，依等份切出波浪状。

❻ 小圆槽刀于提把蒂头两旁1cm处挖出两圆孔，在靠近篮子边缘的提把处再挖出两圆孔。

❼ 以雕刻刀分别将两孔之间的橙皮切除。

❽ 柳橙篮切雕好后，可放入欧芹、生菜叶、红辣椒雕花作为排盘装饰。

橙盅

❶ 取1个柳橙，蒂头朝右，以牙签划成4等份，以片刀切割靠近蒂头的1等份。

❷ 取3/4的部分作为柳橙盅，以雕刻刀将柳橙皮与橙肉交界处直刀切一圈，深3.5cm。

❸ 以雕刻刀顺着刀痕小心切除橙肉，勿切穿表皮。

❹ 以斜刀方式，分次将橙肉完全挖除，成为盅形。

❺ 1/4的部分作为盅盖，拔除蒂头，取一片新鲜带梗的九层塔叶。

❻ 九层塔叶洗净擦干，以三秒胶黏接于柳橙蒂头凹槽内。

❼ 切雕好的柳橙盅，可放入各种切丁的凉拌菜、泡菜等。

> 雕刻刀非常尖锐，在挖果肉时须特别小心，左手手指应避免放在刀尖施力的方向，以免不小心切穿果皮而伤及手指。

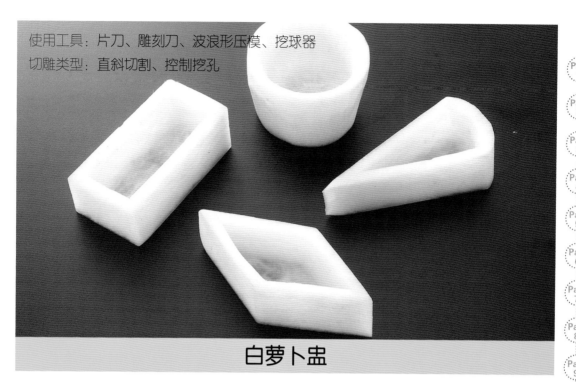

使用工具：片刀、雕刻刀、波浪形压模、挖球器
切雕类型：直斜切割、控制挖孔

白萝卜盅

Part 1
Part 2
Part 3
Part 4
Part 5
Part 6
Part 7
Part 8
Part 9

白萝卜盅1

❶ 取饱满的白萝卜1条，以片刀切除头部3cm，再切厚2.5cm的圆形厚片。以波浪圆形压模压切出波浪圆块。

❷ 切面处以雕刻刀在波浪形边缘向内0.5cm切出一圈，深2cm。勿切穿底部。

❸ 以挖球器顺着刀痕挖除中间的萝卜肉，勿挖破底部。

白萝卜盅2

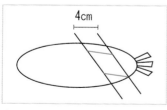

❶ 白萝卜1条，以片刀斜45°切除头部，再切取厚4cm斜块，再切成高2.5cm的菱形块。

❷ 雕刻刀于菱形块外缘向内0.5cm处直切一圈，深度2cm，以挖球器顺刀痕挖成盅形。

❸ 可依个人喜好，或不同菜肴的风格特色，雕出不同形状的萝卜盅。

雕好的萝卜盅可镶入各种馅料，例如绞肉、鱼浆、干贝、花枝浆等。镶入馅料前必须先把萝卜烫熟，镶好馅料后再放入蒸笼蒸熟，即可食用。

Part
1

Part
2

Part
3

Part
4

Part
5

Part
6

Part
7

Part
8

Part
9

木瓜盅与木瓜盘

使用工具：片刀、雕刻刀、圆槽刀、牙签

切雕类型：软硬控刀、等份切雕

木瓜盘

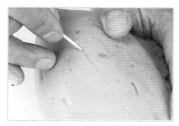

❶ 取外形完整、瓜皮无刮痕的新鲜木瓜1个，以牙签轻轻画出横向中心线。

❷ 以大的圆槽刀，环绕中心线横切到中心。

❸ 将上下两半分开，以大汤匙挖除籽，即可放入其他鲜果。食用时以汤匙挖取瓜肉食用。

木瓜盅1

❶ 取外形完整、表皮无刮痕的新鲜木瓜1个，切除头、尾两端1.5cm（当盅底），再从中间切为两段，以小汤匙挖除籽。

❷ 取头部一段，以牙签在切面处画十字线，分成4等份，每等份再分为3等份，以雕刻刀左右斜切出尖形锯齿。

❸ 木瓜凹槽可放入鲜果丁，食用时以汤匙挖取鲜果丁及瓜肉一起食用。

木瓜盅2

❶ 按木瓜盅1的步骤1，取木瓜尾端部分，切面处以牙签画十字线，分成4等份，再将每等份分为3等份，共12等份。

❷ 以雕刻刀于画线处直刀切割，深1.5cm，再以雕刻刀横刀切成城墙状。

❸ 木瓜凹槽可放入鲜果丁，食用时以汤匙挖取瓜肉与鲜果一起食用。

> 木瓜属甜味水果，所以木瓜盘不适合放入带酸味的水果，否则味道不佳。

Part 1
Part 2
Part 3
Part 4
Part 5
Part 6
Part 7
Part 8
Part 9

Part
1

Part
2

Part
3

Part
4

Part
5

Part
6

Part
7

Part
8

Part
9

菠萝盅与菠萝盘

使用工具：片刀、雕刻刀、大汤匙
切雕类型：深浅控刀、挖切果肉

菠萝盅

❶ 取新鲜完整、叶片紧连的菠萝1个,以片刀直剖成两半。

❷ 取其中一半,以雕刻刀于头、尾部向内2cm处下刀,切至皮层较硬处即停止,勿切穿菠萝皮。

❸ 以雕刻刀顺着菠萝两边边缘内1cm处斜切,深度3cm。

❹ 以雕刻刀由中间向左右斜刀切割,分次切出菠萝肉。

❺ 将底部的菠萝肉切除后,以汤匙将其余菠萝肉刮除。

❻ 雕刻刀在菠萝表皮边缘处,每隔1cm切雕出锯齿状。

❼ 切雕好的菠萝盅,内部以纸巾吸干汁液,即可摆入各式以菠萝烹调的菜肴,如菠萝牛柳、菠萝鸡球、菠萝排骨等。

> 以片刀切割整个菠萝时,菠萝须拿稳,避免滚动切歪。雕刻刀切除菠萝肉时须小心,勿切穿表皮。

菠萝盘

❶ 取半个菠萝,以片刀再直切为两半。

❷ 取其一,于头、尾部向内2cm处各切一刀,至皮层较硬处,再顺着表皮内1cm左右切出菠萝肉。

Part 1 Part 2 Part 3 Part 4 Part 5 Part 6 Part 7 Part 8 Part 9

哈密瓜盅与哈密瓜盘

使用工具：片刀、雕刻刀、圆槽刀、汤匙

切雕类型：等份划分

哈密瓜盅

❶ 取新鲜饱满哈密瓜1个，从头到尾部分为4等份，以牙签于头部1等份处轻画一圈。

❷ 以大型圆槽刀环绕着标记线横切，切至瓜中心，打开头部，以小汤匙挖除籽。

❸ 切雕好的哈密瓜盅可放入切丁的什锦水果，食用时以小汤匙挖取瓜肉与什锦水果一起食用。

操作步骤2以圆槽刀切开盅盖时，需斜30°切至中心。

哈密瓜盘1

❶ 取蒂头紧连的新鲜、饱满哈密瓜1个，以片刀于蒂头旁直刀切成两半，以汤匙挖除籽。

❷ 取无蒂头半边，以牙签于切面每隔1.5cm画一条线，雕刻刀以直刀、斜刀切出V形锯齿。

❸ 切好的哈密瓜盅，可用挖球器挖取瓜肉，再以汤匙将内面修整。瓜肉和什锦水果或海鲜沙拉等冷食一起放入盅中食用。

哈密瓜盘2

❶ 按哈密瓜盘1的步骤1，取有蒂头的半边，切面以牙签每隔1.5cm画一条线，雕刻刀左右斜45°，切出V形锯齿。

❷ 切好的哈密瓜盘可以挖球器挖取瓜肉，再以汤匙将内面修整。瓜肉和什锦水果或海鲜沙拉等冷食一起放入盅中食用。

Part
1

Part
2

Part
3

Part
4

Part
5

Part
6

Part
7

Part
8

Part
9

苹果盅与苹果碟

使用工具：片刀、雕刻刀、圆槽刀、尖槽刀、挖球器、牙签
切雕类型：线条锯雕、盅形开盖

苹果盅

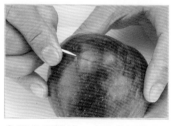  

❶ 取色泽鲜艳、完整的红苹果1个，从头至尾部分为4等份，以牙签于头部1等份处画一圈，再切除少许尾部，使之能站立。

❷ 以V形槽刀环绕标记线，向下斜40°深切至中心，即可开盖。

❸ 在表皮内侧0.7cm处以雕刻刀直切一圈，深3~4cm（视苹果大小）。

❹ 以挖球器顺着刀痕将苹果籽与肉挖除，勿把底部挖破。

❺ 以中型圆槽刀于果盅外皮处挖切出数个圆圈，深0.5cm。

❻ 以雕刻刀将每个圆圈的表皮切除。

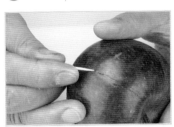

❼ 切雕好的苹果盅，以盐水泡数秒钟，可防止变褐色。擦干水分，放入烹煮好的虾松、鸡松或牛肉松等。

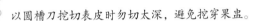
以圆槽刀挖切表皮时勿切太深，避免挖穿果盅。

苹果碟

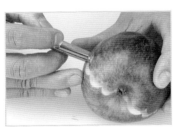

❶ 取色泽鲜艳、完整的红苹果1个，以苹果蒂头为中心，以牙签轻轻画分两半，勿把苹果皮划破。

❷ 以中型圆槽刀顺着线条直刀切至中心。拔除蒂头，分为两半。

❸ 表皮内侧0.5cm处雕刻刀以斜45°切一圈，深2cm。

❹ 以挖球器顺着刀痕挖取果肉，小心勿挖破表皮。

❺ 切雕好的苹果碟以盐水泡数秒钟，可防止变褐色。擦干水分，放入鲜虾松、沙拉等。

Part
1

Part
2

Part
3

Part
4

Part
5

Part
6

Part
7

Part
8

Part
9

甜椒盅与甜椒碟

使用工具：片刀、雕刻刀、牙签、三秒胶

切雕类型：盅形开盖、平稳切雕

甜椒盅

❶ 取颜色鲜亮、蒂头完整红甜椒1个，以牙签于蒂头下2cm轻画一圈（勿划破表皮）。

❷ 中型尖槽刀沿着所画线条以斜45°切到中心。

❸ 轻轻拔开蒂头部分。

Part 1
Part 2
Part 3
Part 4
Part 5
Part 6
Part 7
Part 8
Part 9

❹ 以雕刻刀分别将上下两部分的海绵体、籽切除干净。

❺ 修整内部，底部切除少许，使之能站立。

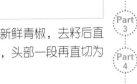

❻ 另取半个新鲜青椒，去籽后直切为两段，头部一段再直切为3长片。

❼ 取1片，以雕刻刀切平内膜，以牙签画出叶子形，顺着线条切雕出叶子。

❽ 以牙签在叶子上轻画出叶脉，以雕刻刀切雕出中心叶脉，再切雕出左右叶脉。

❾ 将切雕好的叶子以三秒胶黏于红甜椒梗上即成。甜椒盅可放入什锦蔬菜沙拉或彩椒虾松等。

🈞椒碟

❶ 取颜色鲜亮、蒂头完整的黄甜椒1个，以片刀于蒂头旁直切为两半。

❷ 取一半，以雕刻刀直切头部一端的籽，再以挖球器挖除海绵体。

❸ 雕刻刀于黄甜椒切面边缘左右斜45°，切雕出锯齿形。

❹ 按照"甜椒盅"步骤6~8切雕出叶片，并以三秒胶黏接于黄甜椒蒂头处。甜椒碟可放入烹调好的炒什锦菇丁或是生菜沙拉等。

 切雕叶脉时须小心，勿切穿青椒肉。
甜椒盅内面的海绵体，亦可使用挖球器挖除。

Part
1

Part
2

Part
3

Part
4

Part
5

Part
6

Part
7

Part
8

Part
9

火龙果盅与火龙果碟

使用工具：片刀、雕刻刀、挖球器、大汤匙

切雕类型：深浅切雕、挖切果肉

火龙果盅

 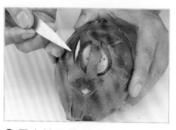 

❶ 取色泽鲜艳、完整的火龙果1个，以雕刻刀将表面凸出的叶片修除。

❷ 果身较平的部分，以片刀切除0.5cm厚，使之能站立。上部预留直径约2cm的区域，以直刀和横刀切出盖子上的把手。

❸ 雕刻刀以横刀切取上部1/4当盅盖，以下3/4作为盅体。

❹ 以挖球器挖取果肉，以大汤匙清出不规则余肉，再以挖球器挖取下层果肉。

❺ 以大汤匙将盅内所有不规则的果肉挖取干净。

❻ 完成的火龙果盅，可放入海鲜沙拉、鸡肉沙拉等菜肴。

Part 1 Part 2 Part 3 Part 4 Part 5 Part 6 Part 7 Part 8 Part 9

火龙果碟

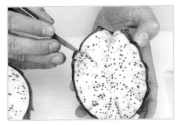

❶ 取表面修整好的火龙果1个，以片刀从蒂头至尾端直切成两半。

❷ 取半个火龙果，以牙签在切面每隔1cm画一记号，在画线处以左右斜刀切出V形锯齿。

❸ 取另外半个火龙果，以牙签每隔1cm画一记号，在画线处以一直刀、一斜刀切出∠形锯齿。

❹ 以大汤匙于表皮边缘0.5cm处挖出果肉。

❺ 完成的火龙果碟，可放入果律虾球、龙果炒鱼片、龙果炒鸡丁等菜肴。

以挖球器挖取火龙果球时，因盅较深，需分两次挖取，即先挖一层果球后，再以大汤匙挖除不规则的果肉，再挖第二层果球。

番茄盅与番茄碟

使用工具：片刀、雕刻刀、挖球器

切雕类型：盅形变化、控刀切雕

Part
1

Part
2

Part
3

Part
4

Part
5

Part
6

Part
7

Part
8

Part
9

番茄盅

❶ 取色泽亮丽、饱满的大红色番茄1个，从头至尾端分为4等份，以片刀于靠近蒂头的1等份处切开作为盅盖。

❷ 以雕刻刀于番茄肉与皮交界处直刀切至底部。

❸ 以雕刻刀左右斜切挖出番茄肉，或以小汤匙直接挖出番茄肉。

Part
1

Part
2

Part
3

Part
4

Part
5

Part
6

Part
7

Part
8

Part
9

❹ 切割好的番茄盅以纸巾微吸干盅内汁液，即可放入菜肴，如茄丁炒鸡米、番茄炒虾松等。

因番茄质地软，切雕时勿用力捏，也要避免压切，以免番茄变形，破坏外观。

番茄碟

❶ 取色泽亮丽、饱满的大红色番茄1个，从头至尾端分为3等份，以片刀于靠近蒂头的1等份处切开。

❷ 以雕刻刀于番茄肉与皮交界处直刀切至底部，再左右斜切挖出番茄肉，或以挖球器直接挖出番茄肉。

❸ 以牙签在番茄皮上每隔0.5cm做记号，切出V形锯齿。

❹ 切雕好的番茄碟以纸巾微吸干碟内汁液，可放入一小片铝箔纸，再放入蘸酱料、胡椒盐等。

放入铝箔纸的目的是避免蘸酱变味或胡椒盐湿掉。

Part
1

Part
2

Part
3

Part
4

Part
5

Part
6

Part
7

Part
8

Part
9

竹笋盅与竹笋碟

使用工具：片刀、雕刻刀、挖球器

切雕类型：圆球挖切、盅形变化

竹笋碟

❶ 取外形较直的绿竹笋1根，以片刀直剖成两半。

❷ 取其一，以雕刻刀于笋肉外缘向内0.5cm处，斜50°切一圈，深3cm。

❸ 以挖球器挖取半圆球形笋肉，再将不规则笋肉挖除，挖出碟形。

Part 1
Part 2
Part 3
Part 4
Part 5
Part 6
Part 7
Part 8
Part 9

❹ 切雕好的笋碟及笋肉可烫熟，放入沙拉鲜虾仁，或作为焗烤海鲜碟。

> 以挖球器挖取竹笋肉时，须小心勿挖破头部。

竹笋盅

❶ 取外形较直的绿竹笋1根，以片刀于头部一角切除1cm厚块，使底部较平，竹笋能站立。

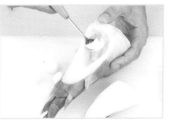

❷ 竹笋放稳后，以牙签轻画出弧形线条，再以雕刻刀小心切开作为盖子。

❸ 以雕刻刀顺着笋肉外缘向内0.5cm处，斜45°切一圈，勿切破头部。以挖球器挖取笋肉，再挖除不规则的部分，成为笋盅。

❹ 切雕好的笋盅和笋肉，烫熟后可放入凉笋沙拉，或作为焗烤海鲜鸡肉盅等。

> 竹笋质地较硬，切开稍有难度，操作时要特别小心。

使用工具：片刀、雕刻刀

切雕类型：等份划分、切除果肉

柠檬碟与柠檬篮

柠檬碟1

❶取新鲜翠绿、完整的柠檬1个，以片刀由蒂头至尾端直切为两半。

❷以雕刻刀顺着柠檬皮内0.5cm处斜切一圈，深2cm。

❸以雕刻刀由内往外切除柠檬肉。

❹以雕刻刀于柠檬皮边缘，每隔0.5cm切出一个V形锯齿。另一半同样切取柠檬肉，但不切锯齿。

❺切割好的柠檬碟，放入一小片铝箔纸，即可装入各种蘸酱料。

柠檬碟2

❶ 取柠檬1个，横放，以片刀切除尾端0.5cm，从头至尾端划分3等份，以片刀切除靠近头部的1等份。

❷ 取尾端2/3，以雕刻刀顺着柠檬皮内缘斜切，深度2cm，勿切穿柠檬皮。

❸ 雕刻刀左右斜45°，由内往外切除柠檬肉。

❹ 表皮边缘处，每隔1cm切出一半圆形，使边缘呈波浪状。

❺ 切雕好的柠檬碟，放入一小片铝箔纸，即可装入各种蘸酱料，或作为装饰用。

柠檬篮

❶ 柠檬1个，以片刀切除尾端0.7cm，于蒂头处画出纵向中心线，再画出横向中心线。于纵中心线左右各0.5cm直刀切至横向中心线，再由横向中心线横刀切除左右两瓣，成为提篮状。

❷ 以雕刻刀将提把处外皮和柠檬肉交界处顺着圆弧切开，再横刀切除提把内柠檬肉，需小心勿切断提把。

❸ 雕刻刀于提篮内侧表皮与柠檬肉交界处，以斜50°环切一圈，深2cm，再左右斜切出柠檬肉。

❹ 分别从两侧篮边的中心位置起，切2个圆弧成波浪状。

❺ 切雕好的篮子，可放入欧芹、生菜叶、西兰花等作为排盘装饰。

第8章

简易水果盘切雕

水果盘切雕首先应注重配色，采用不同颜色的果皮、果肉，以4~6种为宜。设计时应着重上、中、下分层的排盘方式以增加视觉的丰富性。

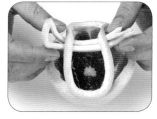

Culinary Design, Plate Ornaments & Carving Arts

Part
1

Part
2

Part
3

Part
4

Part
5

Part
6

Part
7

Part
8

Part
9

满载而归

使用工具：片刀、雕刻刀、挖球器、牙签
切雕类型：深浅线条、颜色造型

❶木瓜半个，无子西瓜1/10个，哈密瓜1/4个，百香果1个，葡萄6颗，相连的荔枝2颗。

❷哈密瓜以片刀直切为3长片，取1片，底部切平，片开半边外皮，厚度0.5cm，表皮切上下两刀，外翻，以切口朝内顶住瓜肉。

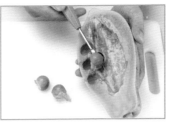

❸木瓜以大汤匙挖除籽后，以小挖球器挖取木瓜球。另以挖球器挖出西瓜球、哈密瓜球。葡萄洗净备用。

Part 1
Part 2
Part 3
Part 4
Part 5
Part 6
Part 7
Part 8
Part 9

❹以雕刻刀环绕木瓜表皮内0.8cm处切一圈，以大汤匙顺着刀痕将木瓜挖成船形，底部切除0.5cm厚。

❺取2颗相连的荔枝，以雕刻刀于荔枝表皮中间切一圈，不可切到荔枝肉。

❻以手拨除荔枝尾端的外皮。

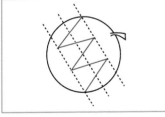

❼百香果以牙签画出4等份，中间两等份处上下错开1cm，画出尖锯齿形状。

❽雕刻刀以斜刀顺着锯齿线切一圈，即可将两半拔开。所有材料依完成图排盘即可。

片取哈密瓜表皮，须顺着表皮的圆弧切，避免切太厚。
木瓜质地较软，以挖球器挖球时须小心，避免将表皮挖破。

Part
1

Part
2

Part
3
Part
4

Part
5

Part
6

Part
7

Part
8
Part
9

红绿两相宜

使用工具：片刀、雕刻刀、牙签
切雕类型：平稳控刀、层次排盘

❶ 杨桃1个，香蕉2根，哈密瓜1/4个，小西瓜1/3，苹果1个，猕猴桃1个。

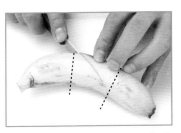

❷ 香蕉以牙签轻画两条线约分为3等份，以雕刻刀将中段斜切，深度为香蕉的1/2。翻面，同方向再切一次。

❸ 以雕刻刀切开香蕉中段横向中线，中段上下两斜刀于香蕉内部衔接。

❹ 将切好的香蕉小心拔开，切口处呈尖锯齿形。切平头尾端，使之能站立，微泡盐水，避免香蕉肉变黑。

❺ 苹果以片刀切为两半，取其一再切为二，片刀以斜度45°切除籽，使之能站立。

❻ 划出苹果表皮的中心线，以牙签于正中央位置标记，以片刀于距离中心线0.4cm处，斜45°切割到中心线，转180°，以同方法再切一次。

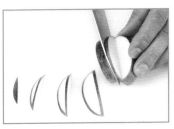

❼ 按步骤6的方式继续切割苹果，刀子保持同方向与斜度，每切一刀就转180°，再切另一边，切出V形片数片。

❽ 将切下的苹果片，由小到大重叠回复原状。

❾ 叠好后，以手顺着同一方向推出，成为塔状，每层间距1cm。稍泡盐水，备用。

步骤4中，切好的香蕉若拔不开，需依步骤2的切痕再切深一点。
切雕苹果塔时，需注意刀子平稳及前后对称。

Part 1
Part 2
Part 3
Part 4
Part 5
Part 6
Part 7
Part 8
Part 9

Part
1

Part
2

Part
3

Part
4

Part
5

Part
6

Part
7

Part
8

Part
9

⑩狲猴桃以片刀切除头尾0.5cm，顺着圆弧面切除表皮。

⑪以片刀直切为两半，取其一，前后预留1cm，斜切为二。

⑫排盘时将两块并排黏接，站立。

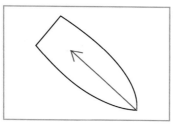

⑬哈密瓜以片刀直切成3等份。

⑭取一片哈密瓜，切除头部1.5cm，以雕刻刀于表皮上切割箭头形，深0.8cm。

⑮以片刀从尖端处片开表皮，厚0.6cm，留1.5cm不切断，将表皮外翻，开叉处朝内顶住瓜肉并定形。

⑯取另一片哈密瓜，切除头部1.5cm，由尖端处片切表皮，留底部1.5cm不切断，再以雕刻刀于表皮内面切3刀。

⑰将表皮外翻，下方尖叉朝内顶住瓜肉并定形。

⑱杨桃以片刀将每瓣边缘表皮顺圆弧切除，切除头部1cm后，再切成星形片，每片厚度0.6cm。西瓜切成三角形片排入盘内，再将先前切雕的所有材料依完成图排入盘内。

切割哈密瓜表皮时，需注意厚度；翻折表皮时须小心，避免折断。

Part
1

Part
2

Part
3

Part
4

Part
5

Part
6

Part
7

Part
8

Part
9

花篮满载

使用工具：片刀、雕刻刀、牙签

切雕类型：平衡控制、整体装饰

Part
1

Part
2

Part
3

Part
4

Part
5

Part
6

Part
7

Part
8

Part
9

❶葡萄柚2个，苹果1个，狝猴桃1个，柳橙1/3个，葡萄2颗。

❷葡萄柚以牙签由头至尾划分4等份，以片刀切除头部1等份，再切1片厚0.5cm圆薄片。

❸取3/4葡萄柚，切面的中心线两端以2根牙签做记号，以片刀分别从左右侧横切，厚度0.5cm，中心线左右1cm处不切断。

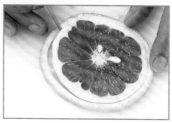

❹雕刻刀以斜55°，于果皮与果肉的交界处切一圈，深4cm。

❺雕刻刀由内往外斜50°，分数次切出果肉。

❻取先前切下的厚0.5cm薄片，以雕刻刀从皮层内膜处下刀，切下表皮，成圆圈。

❼果皮圆圈以雕刻刀切断，切断处切成V形叉口，使果皮成缎带状。

❽用果皮缎带将葡萄柚两边的提把绑住。

❾依2~8步骤再切雕1个葡萄柚提篮。

❿苹果以片刀直切成两半，取其一再切为二。

⓫取1/4个苹果，片刀以斜45°切除籽，使之能站立。

⓬将1/4个苹果切为两半。

⓭以片刀斜55°切除籽，使之能站立。

⓮取苹果块中心线，以雕刻刀将尾端切成尖叶子形。

⓯雕刻刀刀尖于苹果表皮上切出深0.5cm的尖形图案。

⓰以雕刻刀从尾端尖形处片开厚0.3cm表皮，留底部1cm不切断，去除中间表皮。

⓱猕猴桃以片刀切除头尾0.5cm厚的片。

⓲以雕刻刀顺圆弧面片除表皮，再切成8等份长条备用。

⓳柳橙以片刀横切厚0.5cm的圆片，共切2片。

⓴以雕刻刀顺着半径切开柳橙，将一端翻转成S形。

㉑分别在葡萄柚篮子中装入柚肉、猕猴桃片。葡萄柚片上放上柳橙S形片及对半切开的葡萄。上述作品与苹果叶片一起排入盘中即可。

操作步骤8绑果皮带时须小心，勿使用猛力，否则易使果皮断裂。利用果皮本身的弹性轻轻使力，较容易将其固定。

Part 1
Part 2
Part 3
Part 4
Part 5
Part 6
Part 7
Part 8
Part 9

Part
1

Part
2

Part
3

Part
4

Part
5

Part
6

Part
7

Part
8

Part
9

苹果表皮切雕法

使用工具：片刀、雕刻刀、牙签
切雕类型：图形变化、表皮切雕

Part 1
Part 2
Part 3
Part 4
Part 5
Part 6
Part 7
Part 8
Part 9

❶ 取鲜艳红润、果形完整漂亮的红苹果4个。

❷ 取苹果1个，拔除蒂头，以片刀切成两半。

❸ 将每一半再切为二，成为4片。

❹ 片刀分别以斜45°切除籽，使之能站立。

❺ 籽切除后，再以片刀将每片切成两半，成为8片。

❻ 片刀以斜50°，切除靠近籽的部位，使之能站立。

❼ 每片苹果以中心线为基准，以雕刻刀将一端切出尖叶子形。

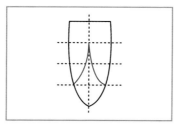

❽ 尖叶片形朝向自己，上下分4等份并取中心线，依图中红线切割两弧线，深度0.5cm。

❾ 由尖端顺着圆弧面片开表皮，厚度0.3cm，留底部1.5cm不切断。

❿ 将尖端多余的皮切除，在切开的表皮上雕出尖形纹路，如图所示。

须遵循一切8等份的切法，避免切成的片大小不均。

完成图中共有32款苹果叶片切雕形式，提供读者参考。一个苹果可切出8片。切雕好的苹果叶片，需以低浓度盐水浸过，以避免变成褐色。

花团锦簇

使用工具：片刀、雕刻刀

切雕类型：均等切片、层次排列

Part
1

Part
2

Part
3

Part
4

Part
5

Part
6

Part
7

**Part
8**

Part
9

❶小玉西瓜1/6个，哈密瓜1/4个，杨桃1个，爱文芒果1个，火龙果半个。

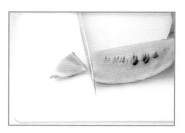

❷小玉西瓜以片刀直切为2片，取其一，以片刀切除蒂头一端3~4cm。

❸以片刀由尖端顺着圆弧面片开表皮，厚度0.5cm，留4cm不切断。

❹若片开的表皮太厚，可将皮上多余瓜肉切除。

❺在表皮上切3刀，如图所示。

❻以雕刻刀将西瓜肉顶端一边削成尖形。

❼取另一片小玉西瓜，以雕刻刀切开瓜肉与瓜皮相连处。

❽以雕刻刀将瓜肉直切成块状，每块厚1.5cm，切好后左右推开形成层次感。

❾取哈密瓜，以片刀切成3等份。

❿以片刀切除每片头部2cm，再片开表皮，厚度0.4cm，留2.5cm不切断。

⓫以雕刻刀于片开的表皮上斜切一刀，如图所示。再将表皮翻起顶住瓜肉。

⓬取爱文芒果，通过蒂头取中心线，以片刀于中心线旁1cm直切。

小玉西瓜表皮较脆硬，片切表皮时须注意厚度，避免折断。

Part 1
Part 2
Part 3
Part 4
Part 5
Part 6
Part 7
Part 8
Part 9

Part
1

Part
2

Part
3

Part
4

Part
5

Part
6

Part
7

Part
8

Part
9

⑬切下的芒果片，以雕刻刀将芒果肉切割出网状，每刀间隔1cm，需小心勿切断表皮。

⑭双手握住芒果片边缘，手指置于底部中心由下往上推，即可展开芒果肉。

⑮杨桃以片刀切除头尾1cm，将每瓣边缘表皮顺圆弧切除。

⑯以片刀将杨桃片切出，去除心部。每片以西式片刀横插入中段，再以雕刻刀将上半部杨桃肉斜切一刀。

⑰翻至反面，以同方向、同位置再斜切一刀。

⑱以手拔开，即呈2个交叉尖形状。

⑲火龙果以雕刻刀将表面切割成3等份。

⑳以手剥开表皮取火龙果肉。

㉑将剥好皮的火龙果肉以片刀斜向切3刀成4等份。将每等份位置拉开，转90°再切2刀成块状。分别将切雕好的各式水果，依高、中、低顺序排盘。

操作步骤13时，下刀深度须得宜，小心勿切断表皮。

使用工具：片刀、雕刻刀
切雕类型：均等切片、对称排列

黛绿年华

❶小玉西瓜1/4个，红西瓜三角片2片，梨瓜1个，木瓜半个，葡萄约10颗。

❷梨瓜以片刀直切为两半，挖除籽，每半再切成4片，片除表皮（亦可以刮皮刀刮除表皮再切）。高脚杯内放入各式水果块。

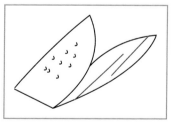

❸红西瓜以片刀从尖端片取表皮，厚0.5cm，留2cm不切断。于表皮切2刀，外翻表皮，尖叉朝内顶住瓜肉，即可排入盘内两侧。盘中央放入高脚杯及其他水果。

> 切雕西瓜表皮时，左右须不同方向，切取底部时斜度亦须互相对称。
> 须注意整体排盘的颜色及高、中、低层次。

Part
1

Part
2

Part
3

Part
4

Part
5

Part
6

Part
7

Part
8

Part
9

水果盘进阶技法

柳橙切雕法-1

❶ 柳橙1个，以片刀切除头尾各1.5cm，取中间部分。

❷ 柳橙中间部分平放于砧板上，再以片刀直切为两半圆块。

❸ 柳橙半圆块以片刀由一端片开表皮，厚0.2cm，留1cm不切断。以雕刻刀于片开的表皮斜切数刀，每刀间隔0.2cm，至橙肉、表皮相连处止。

④ 将皮往外翻出，以牙签串插上樱桃与葡萄。

 Part 1

 Part 2

 Part 3

 Part 4

 Part 5

 Part 6

 Part 7

 Part 8

 Part 9

柳橙皮若太厚，可片切薄一点，翻折时较不易断裂。

柳橙切雕法-2

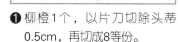

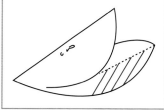

❶ 柳橙1个，以片刀切除头蒂0.5cm，再切成8等份。

❷ 每片柳橙由尖端片开表皮，厚0.2cm，留1cm不切断。

❸ 以雕刻刀将片开的表皮斜切4刀，每刀间隔0.2cm。

❹ 表皮尖端往橙肉方向内折，并调整橙肉与表皮间距。

须遵循一切8等份的切法，避免切成的片大小不均。

柳橙切雕法-3

❶ 柳橙1个，以片刀切除头蒂0.5cm，以尖槽刀将表皮挖出纵向直线，每条线间隔1cm，深0.2cm。

❷ 以片刀横向切成厚0.4cm圆片，即可排盘。

以尖槽刀挖取圆弧表皮线条时，力度须均匀，避免挖太深。

Part 1
Part 2
Part 3
Part 4
Part 5
Part 6
Part 7
Part 8
Part 9

柳橙切雕法-4

 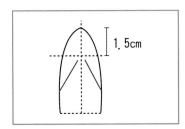 

❶柳橙1个，以片刀切除头蒂0.5cm，再切成8等份。每一等份以雕刻刀片开表皮，留1cm不切断。

❷以雕刻刀在片开的表皮上斜切2刀，2刀上端距离0.5cm。

❸翻开表皮，左右尖角由内侧往上折，顶住橙肉。

柳橙切雕法-5

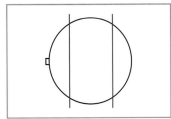 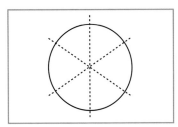 

❶取柳橙一个，以片刀切取头尾厚1.5cm圆片。

❷以牙签在切面上划分6等份。

❸以片刀将每一等份切成圆弧V形凹槽，即成花瓣形状。

菠萝切雕法-1

❶取色泽新鲜、菠萝叶完整、有天然果香味的菠萝1个，以片刀切去蒂头1cm，再直切成两半。

❷取其一，切面朝上，由头尾方向直刀切成3等份，成为3长瓣。

❸取一菠萝长瓣，以雕刻刀于头尾1.5~2cm处，直刀切割到表皮处。

Part 1

Part 2

Part 3

Part 4

Part 5

Part 6

Part 7

Part 8

Part 9

❹ 以雕刻刀于表皮与菠萝肉交界处，左右两刀之间，横刀切取菠萝肉，再将菠萝肉切成1.5cm厚块。

❺ 将切好的菠萝块放回菠萝皮内，左右推出层次。

菠萝切雕法-2

❶ 菠萝直切出半个，以片刀切除头尾约3cm。

❷ 将菠萝切面朝下，以片刀直切为两半。

❸ 分别以片刀顺着圆弧面片除表皮，再修除菠萝肉上剩余表皮。

❹ 取其一，菠萝心朝上，片刀以左右斜45°，切除心部成为V形凹槽，再切成厚1.5cm片。

❺ 取另一菠萝去皮，菠萝心部朝向自己，以片刀切成长三角形片。

菠萝切雕法-3

❶ 取菠萝1/3长瓣，切面向上，以雕刻刀横向切开顶端（菠萝心部）1.5cm，头一端留1cm不切断。

❷ 以雕刻刀于表皮与果肉交界处横刀切取菠萝肉，再将菠萝肉切成厚1cm片，左右推出层次（完成图请见第182页）。

Part 1

Part 3
Part 4
Part 5
Part 6
Part 7
Part 8
Part 9

香蕉切雕法-1

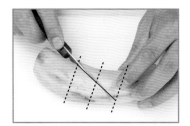

❶ 取色泽鲜黄直长形香蕉1条，以雕刻刀切除头尾2cm。

❷ 香蕉从头至尾分4等份，取中间2等份，雕刻刀直刀斜切对角线，深至1/2直径。香蕉翻面，以同方向斜切对角线，深度相同。

❸ 以雕刻刀从香蕉侧面，横向切开中间两等份。

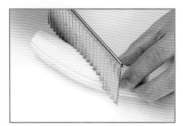

❹ 轻轻拨开左右两边，开口呈交叉尖形。

❺ 也可以将香蕉外皮完全剥除，以波浪刀取代雕刻刀斜切对角线，其他方法同步骤3~4。

香蕉切雕法-2

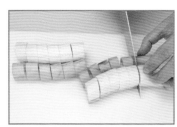

❶ 取色泽鲜黄直长形香蕉1条，以雕刻刀切除头尾2cm，顺着香蕉的弧形直刀切开表皮。

❷ 以手剥开一半的表皮，并往内卷折。

❸ 取片刀，以拉切的方式，将香蕉连皮切成长1.5cm圆段数段。

切好的香蕉若需久放，可蘸上少许盐水，以防变褐色。

小番茄切雕法-1

❶ 取色泽鲜艳、大小平均、外形完好的小番茄数个，以雕刻刀切除头蒂0.2cm。

❷ 拿稳番茄，以雕刻刀直切为均等的两半，即可排入水果盘配色、食用。

小番茄切雕法-2

❶ 取大小平均的小番茄数个。分别以雕刻刀于茄身中段切割锯齿状，需切至中心，每个锯齿宽0.5cm。

❷ 小心拔开头尾，成花朵形状，即可排入水果盘配色、食用。

> 番茄属浆果类，质软、多汁，切割用的刀具须锋利，这样不易变形或汁液流出。

杨桃切雕法-1

❶ 取外形完整、无歪斜、颜色亮丽的杨桃1个，以片刀切除头尾1cm，顺着每一瓣的边缘圆弧削去表皮。

❷ 以片刀将每一瓣切出，再去除心部及籽。

❸ 每瓣杨桃上下预留2.5cm，中段以雕刻刀斜切对角线，深度为厚度的1/2。翻面以同方向斜切对角线，深度相同，再从侧面横刀切开中段，轻轻拨开左右两边。

Part 1
Part 2
Part 3
Part 4
Part 5
Part 6
Part 7
Part 8
Part 9

杨桃切雕法-2

将杨桃以片刀切除头部1cm，顺着每一瓣的边缘圆弧削去表皮后，横刀直切厚1cm片，每片呈星形。

▷ 选择星形瓣完整的杨桃来切雕较好看。

香瓜表皮切雕法-1

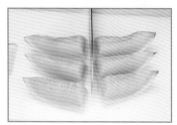

❶ 取香瓜1/4个，以片刀直切成3等份，再横切成6等份。

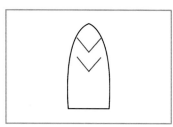

❷ 取1块香瓜，以雕刻刀于表皮上切割两个V形，深0.6cm。

❸ 以片刀由尖端片开表皮，厚0.4cm，留1.5cm不切断，尖端部分的表皮切除。

❹ 翻开表皮，V形向内顶住瓜肉并定形，即可排入什锦水果盘。

▷ 片切开的表皮勿太厚，片切应顺着圆弧面，以免翻折时表皮断裂。

香瓜表皮切雕法-2

❶ 取香瓜1/4个，以片刀直切成3等份，取1等份切除头部1cm，再片除表皮。

❷ 香瓜表面以雕刻刀左右直刀斜刀切出人字形纹路。

❸ 人字形纹路切好后，即可排入什锦水果盘。

香瓜表皮切雕法-3

  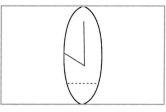

❶ 香瓜半个，以汤匙挖除籽后，再以片刀直切为2等份，每等份再切成2等份。

❷ 取1瓣香瓜，以片刀片开表皮，厚0.4cm，留3cm不切断。

❸ 以雕刻刀于片开的表皮内面切2刀。

❹ 将表皮外翻，切口处往内顶住瓜肉并定形。

❺ 切好后即可排入什锦水果盘。

香瓜表皮切雕法-4

❶ 依照"香瓜表皮切雕法-3"步骤1~2切成片状。每片以雕刻刀于片开的表皮内面割3刀。

❷ 将表皮外翻，下方尖叉向内顶住瓜肉并定形。

> 切割香瓜皮前，最好先用牙签在预定的位置上做记号。

Part 1
Part 2
Part 3
Part 4
Part 5
Part 6
Part 7
Part 8
Part 9

作品欣赏

合家团圆

两情相许

花落谁家

皆大欢喜

更上一层楼

西脯情缘

海誓山盟

两情相悦

第9章

饮品杯饰切雕

切雕杯饰在选取材料时，需考虑与饮品颜色是否相配；设计造型时，要考虑杯缘的形状，如外扩、内缩或直立形，才能切雕出相得益彰的作品。

Culinary Design,Plate Ornaments & Carving Arts

Part
1

Part
2

Part
3

Part
4

Part
5

Part
6

Part
7

Part
8

Part
9

各式杯饰缎带

使用工具：片刀、雕刻刀、牙签

切雕类型：厚薄控制、距离控制

杯 饰缎带1

❶ 取色泽光亮、表皮无损伤的柳橙1个，以片刀切除头尾，留中间厚2.5cm。

❷ 以片刀顺着表皮弧度片取表皮。

❸ 柳橙皮内面朝上，以片刀切除较厚的内皮。

❹ 外皮朝上，雕刻刀以斜45°切除前后两端。

❺ 左右两端预留0.5cm，以雕刻刀一左一右平行斜切，每刀间隔0.5cm，不切断。

❻ 轻轻将左右拉开，即可装饰于杯缘。

杯 饰缎带2

❶ 取色泽光亮、表皮无损伤的柳橙1个，以雕刻刀切除头蒂0.5cm，从头部环绕圆弧面片取表皮，宽1.2cm，厚0.2~0.3cm，呈长条形。

❷ 将柳橙表皮环切至柳橙尾端并切断。

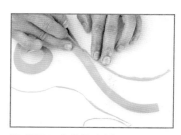

❸ 将切下的柳橙皮摊平于砧板，外面朝上，以雕刻刀修整左右不规则处。

❹ 取柳橙皮，以雕刻刀顺着中心线切成为2长条，表皮头部留1.5cm不切。

❺ 尾端以雕刻刀切出V形分叉，即可装饰。

Part 1
Part 2
Part 3
Part 4
Part 5
Part 6
Part 7
Part 8
Part 9

Part 1
Part 2
Part 3
Part 4
Part 5
Part 6
Part 7
Part 8
Part 9

杯饰缎带3

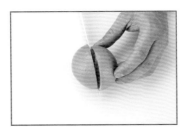

❶ 取色泽亮丽、表皮无损伤的柳橙1个，以片刀切除蒂头0.5cm。

❷ 蒂头切面朝砧板，以片刀取中心线直切为两半。

❸ 分别取半个柳橙，以片刀取中心直切为二，成4瓣。

❹ 将每瓣柳橙片再分别切成两半，成为8等份。取2瓣，以片刀片取厚0.3cm表皮。

❺ 柳橙皮依图中红线，由右向左切开，每刀间隔0.5cm。每切一刀即翻面，以同方向切割。左右两端0.4cm不切。

❻ 反复操作步骤5，切至尾端。轻轻拉开即可作为杯饰缎带。

杯饰缎带4

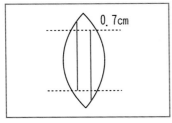

0.7cm

❶ 取1/8个柳橙，以片刀片取厚0.3cm表皮。将橙皮宽度划分3等份，头尾两端预留0.7cm，以牙签做好记号。

❷ 用雕刻刀沿图中红线处将橙皮切开，各有一端不切断，即成N形。

❸ 以手将左右两长条反扣即成。

杯饰缎带5

 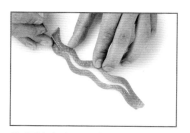 

❶ 取色泽翠绿、外形饱满的柠檬1个,以片刀切除头尾,取中间厚2cm,再以片刀片取表皮,厚0.3cm。表皮摊平于砧板,以雕刻刀将两边切成波浪形。

❷ 顺着波浪形表皮中心线切割成2长条,一端预留1cm不切。

❸ 尾端分别以雕刻刀切成尖形,即可当饮品杯饰缎带用。

杯饰缎带6

❶ 取色泽翠绿的柠檬1个,切除头尾,取中间厚2cm。

❷ 以片刀片取表皮,厚0.2~0.3cm。

❸ 以片刀将柠檬皮内面较厚的部分修除。

❹ 柠檬皮内面朝上,摊平于砧板,以雕刻刀每刀间隔0.5cm直切,切好一面,翻面再切,上、下各预留0.4cm不切。

❺ 反复操作步骤4,切至尾端,轻轻拉开即可装饰于杯缘。

各种样式的柳橙、柠檬皮缎带切雕作品供练习时参考。在构思杯饰时,需同时注意果汁或鸡尾酒的颜色,以求配色的适合性。
切割杯饰缎带最重要的是带的间隔、长宽、厚度要力求均等一致。

Part 1
Part 2
Part 3
Part 4
Part 5
Part 6
Part 7
Part 8
Part 9

Part 1

Part 2

Part 3

Part 4

Part 5

Part 6

Part 7

Part 8

Part 9

使用工具：

雕刻刀

切雕类型：

均等切片、整体装饰

杨桃花杯饰

❶ 取星形完整的杨桃1个，以雕刻刀将尾部削成尖形，再以雕刻刀斜切每一瓣，切成边缘厚0.2cm、中心厚0.8cm的块。

❷ 将星形杨桃底部切一缺口，插于杯缘，凹处放入樱桃，再搭配柠檬皮切雕的缎带。

◇ 杨桃尾部切割缺口时须特别小心，勿切断。

柠檬皮缎带切好后，以筷子略卷，再勾于杯缘。

使用工具：
片刀、雕刻刀
切雕类型：
直斜变化、层次排列

Part
1

Part
2

Part
3

Part
4

Part
5

Part
6

Part
7

Part
8

Part
9

西瓜片杯饰-1

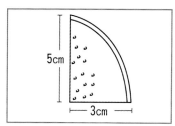

❶ 取新鲜饱满的红西瓜及小玉西瓜各1片，以片刀切成长5cm、宽3cm、厚1cm的三角形片。

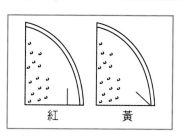

❷ 将两块西瓜如图切一缺口，即可插于杯缘。

需选购较小、皮薄的西瓜来切雕杯饰。
切割插杯用的缺口时须小心，勿切过深。

Part 1
Part 2
Part 3
Part 4
Part 5
Part 6
Part 7
Part 8
Part 9

使用工具：

片刀、雕刻刀

切雕类型：

颜色鲜明、切雕装饰

西瓜片杯饰-2

❶ 取新鲜饱满的西瓜尾端三角形片，长6cm、宽3cm、厚1.5cm。以雕刻刀切除图中红色部分，形成海马造型。

❷ 海马形状切好后，于表皮斜切一缺口，插于杯缘。另取柳橙皮长条放入杯内配色装饰。

使用工具：
片刀、雕刻刀、牙签
切雕类型：
立体雕刻、切雕排列

Part 1
Part 2
Part 3
Part 4
Part 5
Part 6
Part 7
Part 8
Part 9

胡萝卜鲤鱼杯饰

❶ 取橘黄色、无空心的胡萝卜头部一段，以片刀切取长6.5cm、宽1cm、高4cm的厚片，再以牙签画出鱼形，并以雕刻刀切雕。

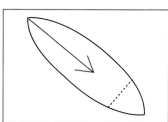

❷ 取1/8个柳橙，以片刀片开表皮，留1cm不切断，在片开的表皮内面切出箭形。

❸ 将柳橙皮外翻，中间两处斜切口向内勾住橙肉边缘，即可插于杯缘。在胡萝卜鱼肚处切一刀，插于杯缘。

> 胡萝卜鱼的尺寸可以视杯口的大小调整。

Part 1
Part 2
Part 3
Part 4
Part 5
Part 6
Part 7
Part 8
Part 9

使用工具：

片刀、雕刻刀、牙签

切雕类型：

线条美感、切雕装饰

西瓜皮剑插杯饰

❶ 取色泽翠绿的西瓜皮一大块，长约15cm，厚0.5cm。

❷ 以牙签在表皮内面划出剑插形，并以雕刻刀直刀切雕。

❸ 切雕好的西瓜皮，放入冰开水中泡5分钟（使其硬挺变直），取出拭干水分，即可放入果蔬汁内装饰。

❹ 须注意果蔬汁与杯饰的颜色，两者颜色应不同。

切雕的西瓜皮厚度应均匀一致。

切雕好的西瓜皮勿泡冰开水太久，否则会卷成半圆形，反而不美观。

使用工具：

片刀、雕刻刀、牙签

切雕类型：

线条美感、表皮串插

Part 1
Part 2
Part 3
Part 4
Part 5
Part 6
Part 7
Part 8
Part 9

菠萝苹果杯饰

❶ 取色泽艳红的苹果半个，以片刀由右侧三分之一处开始片取表皮，厚0.3cm。

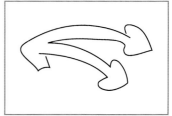

❷ 以牙签划出双心装饰形，如图所示，梗部需预留倒叉形缺口。

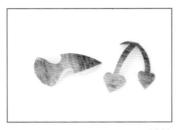

❸ 以雕刻刀切出外形，心形处镂空。

❹ 菠萝叶以雕刻刀切雕叶片状，一边削成尖形，共切雕3片。

❺ 切取菠萝三角形片，并切一缺口插于杯缘，表皮处切一缺口插入菠萝叶切雕成的叶片，再于杯缘钩上双心装饰。

苹果顺着圆弧片切表皮，厚度须一致。

Part
1

Part
2

Part
3

Part
4

Part
5

Part
6

Part
7

Part
8

Part
9

使用工具：

片刀、雕刻刀

切雕类型：

锯齿切雕、串插装饰

菠萝杯饰

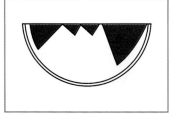

❶ 取较小的菠萝1个，纵向切成两半，取其一，以片刀切除头部后，再横切为厚0.6cm的薄片。以雕刻刀切除图中红色部分。

❷ 取菠萝叶，以雕刻刀将一端切割成尖形叶片，切数片。

❸ 菠萝片表皮斜切一缺口，插于杯缘，菠萝叶切雕成的叶片插于菠萝肉后边。

Part 1
Part 2
Part 3
Part 4
Part 5
Part 6
Part 7
Part 8
Part 9

使用工具：

片刀、雕刻刀

切雕类型：

厚度控制、去皮衔插

杨桃柠檬杯饰

❶ 取星形完整的杨桃1个，以片刀切除头部1cm，再切取厚0.5cm的薄片。

❷ 取1片杨桃片（大小视杯子而定），以雕刻刀切除外皮，厚0.1~0.2cm。

❸ 将杨桃片切一缺口，插于杯缘，再搭配柠檬圆片及红樱桃。

須选择星形完整的杨桃，取中间部分使用。

Part
1

Part
2

Part
3

Part
4

Part
5

Part
6

Part
7

Part
8

Part
9

使用工具：

片刀、雕刻刀、尖槽刀

切雕类型：

线条切雕、层次串插

菠萝樱桃杯饰

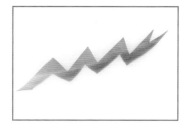

❶ 取色泽翠绿的菠萝叶，以雕刻刀将一边切成锯齿状，每个锯齿间隔1.3cm。

❷ 切好一边，再平行切割另一边，尾端切雕成V形开叉，头部切一倒钩便于垂挂。共切2片。

❸ 取1片柠檬圆片，以尖槽刀将表皮每隔0.5cm切一锯齿，和菠萝半圆片一起插在杯缘，再钩上菠萝叶切雕的饰片，插上红樱桃。

菠萝叶的切雕，宽度与形状的整体协调须特别注意。
切柠檬片时最好取柠檬的中间部分，勿使用头尾。

柳橙皮杯饰

使用工具:

片刀、雕刻刀、牙签

切雕类型:

均等线条切割、翻扣

Part 1
Part 2
Part 3
Part 4
Part 5
Part 6
Part 7
Part 8
Part 9

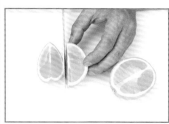

❶ 柳橙由头至尾直切为4等份。取1份，以片刀片取表皮，厚0.3cm。

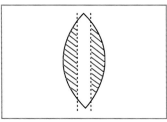

❷ 表皮内面以牙签纵向分为3等份，以雕刻刀于右边1等份切出斜线，每条线间隔0.2cm，转180°，再以同角度切出斜线。

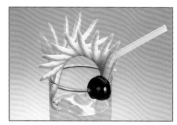

❸ 将柳橙皮切割好后，表面朝下弯成U形，插于杯缘，再搭配红樱桃及吸管。

> 片切柳橙时需直切，避免斜切。
> 此杯饰适合用于直立杯，如果汁杯、高脚杯等。

Part 1

Part 2

Part 3

Part 4

Part 5

Part 6

Part 7

Part 8

Part 9

小番茄杯饰

使用工具：

片刀、雕刻刀、牙签

切雕类型：

等份划分、片皮、翻插

❶ 取新鲜饱满、尖圆形小番茄1个，以雕刻刀于尖端表皮划出6等份，再顺着等分线切至最后1cm停止，深度0.2cm。

❷ 由尖端片开表皮，厚度0.1cm，到底部1cm停止。

❸ 以手小心将表皮往内折，成番茄花。

❹ 取柳橙皮，内面以牙签画出星形，再切雕出星形。将番茄花底部切1cm缺口，上端切一小缺口插入柳橙星，再将番茄花插于杯缘，柠檬皮缎带钩住杯缘。

作品欣赏

各式杯饰切雕成品

Part
1

Part
2

Part
3

Part
4

Part
5

Part
6

Part
7

Part
8

Part
9

Part
1

Part
2

Part
3

Part
4

Part
5

Part
6

Part
7

Part
8

Part
9